BLANCHON

DEMEURES

AÉRIENNES

DES ANIMAUX

Ch. DELAGRAVE Éditeur. PARIS

DEMEURES AÉRIENNES

DES ANIMAUX

25e Série.

H.-L. Alph. BLANCHON

DEMEURES AÉRIENNES

DES ANIMAUX

Le Nid

PARIS

LIBRAIRIE CH. DELAGRAVE

15, RUE SOUFFLOT, 15

DEMEURES AÉRIENNES
DES ANIMAUX

CHAPITRE PREMIER

LE NID

Modification dans la nidification. — Matériaux étranges. — Positions curieuses. — Dissimulation du nid. — Idées d'ornementation. — Lequel des deux époux est l'architecte du nid? — L'amour de l'endroit adopté. — Les constructeurs de plusieurs nids. — Voisinages curieux.

Le nid! Ce mot éveille en nous de gracieuses visions de berceaux dans les feuilles, prodiges d'ingéniosité, prodiges de tendresses, de sollicitude et de dévouement; le nid, c'est la demeure aérienne par excellence; demeure non au sens propre du mot, car, sauf de rares exceptions, l'oiseau se fait architecte non pour se créer à lui-même un refuge contre les intempéries et les dangers qui le menacent, mais seulement pour offrir à sa famille un abri suffisant. Ce n'est qu'une demeure temporaire, plus ou moins fragile, ne devant durer que le temps nécessaire à l'éducation des jeunes.

Êtres faibles pour la plupart, sachant à quels dangers est exposée leur descendance, mais voulant avant tout assurer l'avenir de leur race, les oiseaux, doués par la nature d'un instinct subtil et délicat, ont appris à profiter de tout, à se plier à toutes les difficultés, à trouver dans leur souplesse un remède à la fragilité de l'organisme de leurs petits, exemples délicieux et touchants de ce que peuvent l'ingéniosité, la patience, la tendresse et la douceur.

L'oiseau a-t-il su immédiatement construire les merveilles architecturales que nous connaissons? Ce n'est certainement qu'après un long apprentissage, suivant des modifications dans son habitat et dans les conditions d'existence, qu'il est arrivé à la forme — non point définitive — que nous lui connaissons aujourd'hui et, fait digne de remarque, ce sont les plus petits d'entre les nombreux membres de la gent ailée, qui construisent avec le plus de soins le berceau de leur famille, trouvant dans le perfectionnement de cet art un moyen de soustraire leurs jeunes, si faibles, non seulement aux intempéries meurtrières, mais aussi à leurs nombreux ennemis.

Certains d'entre eux paraissent pourtant ignorer encore l'art de bâtir un nid; d'autres se contentent d'une petite cavité creusée à la surface du sol; ce sont des espèces dont les jeunes, pouvant suivre leurs parents dès leur naissance, pourront échapper à leurs ennemis soit à la nage, soit par la fuite à travers champs. Quelques oiseaux logent leurs couvées dans des terriers, d'autres dans des creux d'arbres, dans des crevasses de rochers; un grand nombre, faisant de rapides progrès dans l'art architectural, s'établissent dans les branches d'arbres, contre les rochers, les murs... Ce sont là de véritables demeures aériennes qui conviennent particulièrement à l'oiseau, maître de l'espace par ses ailes.

Par quels curieux moyens, avec quelle science, avec quelle habileté l'oiseau — être généralement faible — arrive-t-il à établir ce nid, chef-d'œuvre de patience, d'adresse et d'intelligence,

ajoutons-le bien haut? Si nous cherchions à ranger par arts et
métiers ces artisans ailés, nous y trouverions des maçons, des
mineurs, des charpentiers, des potiers, des vanniers, des tapis-
siers, des tisserands, des couturiers, des fabricants de hamacs,
que savons-nous encore? Tous les corps de métier sont repré-
sentés, jusqu'aux tailleurs.

Il ne faudrait point croire que les principes transmis aux
jeunes, soit par leurs parents, soit par une sorte d'hérédité, soient
suivis d'une façon immuable : le progrès est en marche dans le
monde des oiseaux aussi bien que partout ailleurs. Leurs mœurs
sont au plus haut degré susceptibles de perfectibilité, les œuvres
qui leur sont assignées par la nature peuvent s'améliorer, et les
constructeurs savent mettre à profit pour leurs besoins ou leur
commodité les facilités qui leur sont offertes par les progrès de
la civilisation humaine elle-même.

Quelques espèces ont modifié et modifient tous les jours
leurs mœurs primitives et se sont rapprochées de l'homme, bâtis-
sant leurs nids dans son voisinage, au centre des habitations,
comprenant qu'elles trouvent ainsi plus de sécurité, ainsi que
des ressources de vie plus abondantes, sécurité comme protection contre les animaux hostiles, nourriture plus assurée par
suite des productions végétales ou des insectes qui accompagnent
les agglomérations humaines.

C'est surtout dans les *pays neufs*, comme l'Amérique, que l'on
trouve des exemples de ces modifications de mœurs. Ainsi les
Hirondelles, qui, aux États-Unis, très nombreuses, lorsque les
blancs découvrirent le pays s'étendant sur les rives du Mississipi,
faisaient leurs nids dans des cavernes ou des creux de rochers,
aucune construction n'existant alors dans ces parages, compri-
rent, dès que la civilisation se fut manifestée sous forme de

constructions, qu'elles trouveraient là des refuges bien plus
appropriés à leurs besoins que les arbres creux ou les cavernes ;
suivant un véritable instinct de progrès, les mœurs des Hirondelles, qui, *ab initio*, faisaient leurs nids contre des rochers, s'é-
tant ainsi modifiées — perverties, disent quelques mauvaises
langues — d'une manière complète, ces oiseaux, abandonnant
leurs anciens errements, ne bâtissent plus que contre les édi-
fices.

Le perfectionnement existe chez les individus eux-mêmes ;
ainsi les nids des jeunes oiseaux sont moins bien construits,
bien moins solides que ceux des sujets plus âgés, qui ont fait
leur apprentissage ; l'expérience porte toujours ses fruits.

Les progrès des oiseaux sont souvent dus à leurs relations avec
l'humanité, mais il faut bien remarquer que les oiseaux portent
en eux la faculté de se perfectionner ; car l'homme ne fait que
mettre à leur portée les éléments nécessaires, sans leur en
enseigner l'emploi. Ce sont les oiseaux qui ont trouvé seuls les
ressources qu'ils peuvent tirer des moyens mis à leur disposition. Non seulement des progrès s'accomplissent dans le monde
des oiseaux par suite de l'habitude et de l'expérience, mais
aussi, par suite du temps qui s'écoule, les nids de certains
oiseaux sont beaucoup mieux faits et plus solides que ceux qu'ils
construisaient il y a quelques siècles.

Si la race sait modifier peu à peu ses mœurs et le mode de
construction, l'individu sait se plier aux circonstances pour
apporter de sérieux changements dans le type architectural de
sa race. On peut en citer de nombreux exemples : ainsi le Troglodyte, qui munit son nid d'un dôme protecteur, simplifie son
travail et supprime cette toiture lorsqu'il établit son nid dans un
endroit abrité par une corniche rocheuse qui garantit les jeunes

de la pluie aussi bien que pourrait le faire le dôme le plus habilement construit.

Suivant leur abondance ou leur rareté, ils apportent de notables changements dans les matières premières du nid ; ils adoptent parfois les matériaux les plus étranges.

Le Gobe-Mouche construit d'ordinaire le berceau de sa famille
avec de la mousse, des herbes, des racines, des poils, et on
a trouvé dernièrement dans un parc de Londres un nid de cet

Fig. 1. — Troglodyte.

oiseau entièrement construit avec des déchets d'allumettes en
cire et des déchets de papier à cigarettes. — Dans les alentours
se trouvait un banc fréquenté par de nombreux fumeurs, et l'oiseau avait su utiliser les matériaux qui se trouvaient en abondance à sa portée.

Un Merle établit tout le revêtement extérieur de son nid avec
du fil de fer ; un Héron utilisa les cercles de tonneaux qu'il put
ramasser sur une grève à la suite d'un naufrage.

On a souvent cité les nids faits avec les petits rubans d'acier
dont on se sert comme ressorts de montre. Près de Besançon,
pays de l'horlogerie, on rencontre fort souvent des nids dont le

revêtement est exclusivement composé de ressorts et diverses
pièces d'horlogerie. Coupin cite un Loriot qui construisit presque
entièrement son nid avec des rubans de papier de télégraphe
Morse. Les modifications ne se montrent pas seulement dans la
construction du nid, mais aussi dans la situation choisie. On a vu
des Moineaux nicher dans les endroits les plus extraordinaires,
comme dans un gong sur lequel on frappait plusieurs fois par jour,
dans le caisson d'un canon, sans s'effrayer des coups de feu qui
étaient tirés très fréquemment, dans le crâne du squelette d'un bœuf.

Fig. 2. — Gobe-Mouches.

Le Rouge-Gorge s'installe un peu partout, dans les vieilles boîtes, dans les vieux paniers, dans les ustensiles de cuisine délaissés. On a trouvé des nids de Mésanges dans des tuyaux de pompe.
M. de Parville cite la confiante installation d'un couple de Rouges-
Queues. « Il y a quelques années, nous dit-il, un couple vint
s'installer chez moi dans un petit abri clos à persiennes qui sert
à placer les thermomètres et les hygromètres enregistreurs. On
ouvrait la porte de cette grande boîte à claire-voie deux ou trois
fois par jour. La femelle était sur son nid ; elle regardait l'indis-
cret qui venait la déranger, mais ne quittait pas la place. Elle
couva jusqu'au bout sans s'inquiéter de ces allées et venues. L'an-

née suivante, un autre couple s'installa sans façon dans une

Fig. 3. — Nid de Rouges-Gorges dans le sternum d'une chouette clouée à une porte.

grande boîte à expériences qui n'avait d'autre issue que deux trous pour laisser circuler l'air; la boîte était seulement à un mètre cinquante au-dessus du sol, suspendue par une corde. »

Des Poules d'eau, oiseaux toujours fort méfiants, nicheront sur le moyeu d'un vieux char abandonné au bord de l'eau.

Les nids de Mésanges, de Moineaux et d'Étourneaux dans les boîtes à lettres sont communs.

Arrêtons-nous là. On pourrait multiplier à l'infini de pareils exemples, citer des nids dans des cadavres desséchés d'animaux, dans des crânes même. Si la solidité est un point essentiel dans un nid, les oiseaux, beaucoup d'entre eux du moins, emploient de nombreux artifices pour le dissimuler aux yeux de leurs ennemis. Ce sont principalement ceux qui nichent sur les arbres. Ils se préoccupent surtout de ce que le nid ne puisse se distinguer des choses qui l'entourent : tantôt, comme le Tarin et le Verdier, ils le cachent dans la sombre épaisseur des bouquets de feuilles que les élagages pratiqués à la scie font jaillir des troncs, et ils l'enveloppent de mousse fraîche pour qu'il se fonde mieux, pour qu'il se perde plus complètement dans ce milieu verdoyant; tantôt, comme les Pinsons, ils posent les assises de la maison dans l'enfourchure de quelque maîtresse branche, et, à mesure que la bâtisse s'élève, ils en couvrent la paroi extérieure d'un placage de mousse jaunâtre ou de lichen argenté, qu'ils détachent du tronc même de l'arbre sur lequel ils sont installés. Ils font preuve, en soudant l'écorce du nid avec celle de la branche, de tant d'habileté, qu'il est presque impossible de ne pas voir dans l'une la continuation de l'autre. On cite l'histoire d'un Pinson qui, en construisant son nid sur un platane, réussit à le garnir d'une mosaïque dont les dessins reproduisaient exactement l'enveloppe marquetée de cet arbre.

Tout en cherchant à conceler leur nid autant que possible,

Fig. 4. — Nid de Traquets dans un crâne humain.

certains oiseaux ne sont pas insensibles à sa beauté, et, imbus de sentiments d'art décoratif, ils cherchent à ornementer son enveloppe extérieure.

Le Cormoran huppé est un médiocre architecte, mais il s'applique tout particulièrement à orner l'extérieur de son nid : on a vu un nid formé par des herbes et des algues, élégamment garni de plantes terrestres aux fleurs d'un bleu vif.

Selous signale un nid sur les parois duquel il trouva les ailes et les plumes vivement colorées d'un autre oiseau. Il recherche tout particulièrement les épaves qui sont blanchies par la mer, leur blanc mat lui plaît, et vite il les emploie. Le Cormoran huppé étant un fort bel oiseau brillamment habillé, il ne serait pas impossible, d'après les théories darwiniennes, qu'il ait un sens artistique plus développé que d'autres oiseaux au plumage sombre et inélégant.

Cette théorie expliquerait aussi l'existence de pareille habitude chez le Loriot. Ce bel oiseau a, en effet, un goût spécial pour les objets de couleur voyante dont il cherche à orner son nid. M. Magaud d'Aubusson possède un nid de Loriot suspendu à une branche flexible d'azerolier. C'est une jolie corbeille à deux anses, composée de très minces lanières d'aubier étroitement et solidement entrelacées et solidement fixées par un ingénieux système d'attaches aux deux branches de la fourche entre lesquelles, elle flotte, pour ainsi dire. Mais ce qui est surtout remarquable, c'est que l'oiseau, qui ne s'est servi pour construire que d'une seule sorte de matériaux, a glissé entre les lanières de la partie inférieure et extérieure de la nacelle une dizaine de petits morceaux de papier multicolore et deux fils de laine à tapisserie, l'un rouge et l'autre bleu.

Le Loriot recherche avidement les morceaux d'étoffes colorées ;

aussi trouve-t-on parfois dans son nid des choses qui ne laissent pas de surprendre. Moquin-Tandon cite deux nids de Loriot dans lesquels on avait trouvé, dans l'un un ruban et une belle manchette de dentelle, dans l'autre une manchette de robe, que l'oiseau avait prise lorsqu'elle était exposée à l'air pour sécher.

Florent Puvis, en les plaçant à leur portée, fit prendre par des Loriots des morceaux d'étoffes diversement colorées qui entrèrent dans la composition de leurs nids.

Nombreux sont les oiseaux qui, comme les Pies, les Geais, etc., ont un goût prononcé pour les objets brillants, et plusieurs vols de bijoux ont été expliqués de cette façon.

Le Chlamydire tacheté d'Australie garnit l'entrée de sa demeure d'une multitude d'objets disparates, coquillages, plumes, crânes, os blanchis, que l'oiseau va quelquefois chercher fort loin. Il y en a souvent plus d'un boisseau. Ce ne sont point, comme on pourrait le croire, les reliefs d'un festin : l'oiseau ne se nourrit que de fruits et de graines. Il veut seulement que, si sa demeure n'est pas bien luxueuse en dedans, elle ait au moins un bel aspect à l'extérieur.

Le nid est-il fait par les deux époux ou par un seul? Quoiqu'il y ait de nombreuses exceptions, les deux oiseaux s'y intéressent mutuellement, mais le véritable architecte de l'œuvre est la mère. L'époux, sans doute, ne demanderait pas mieux que de s'y employer, mais elle — la mère — n'a pas toute confiance. Pour avoir entière liberté de n'en faire qu'à sa tête, elle l'occupe ailleurs, elle lui attribue le rôle de pourvoyeur. Il s'en acquitte généralement avec conscience et point ne s'épargne à la peine. Il est bien intéressant à observer dans l'accomplissement de cette tâche. Sa recherche se fait habile et furtive ; il craint qu'en

FIG. 5. — Le mâle auprès de sa femelle.

le suivant des yeux on ne découvre le chemin qui mène au nid ; s'il se sent surveillé, il se détourne, il prend une autre voie et ne regagne le nid qu'après de nombreux détours.

Parfois la femelle n'accorde pas même cette confiance au mâle ; elle le juge, comme chez le Merle, trop beau parleur pour être bon à quelque chose ; elle ne le veut que comme son compagnon et, se fiant à sa seule expérience, choisit elle seule les matériaux qui lui sont nécessaires.

Dans d'autres espèces, comme chez le Talégalle, c'est au mâle qu'incombe tout le travail.

Quels sont les instruments dont dispose l'oiseau pour transformer en merveilles les matériaux presque tous grossiers et rustiques qu'il peut se procurer ? L'Écureuil a des mains, le Castor des dents, sa queue en guise de truelle ; l'oiseau n'a que le bec et le pied. Sous le travail de ces deux organes devenus d'intelligents outils, un tissu nouveau se forme, inimitable enchevêtrement des matières premières qui s'appellent mousse, gramen, ronces, petits rameaux, bûchettes légères. — Quoi encore ? — Est-ce bien un tissage qu'obtient l'oiseau ? Non, c'est plus encore : une condensation, une sorte de tissage de matériaux mêlés, poussés, fourrés l'un dans l'autre avec effort, persévérance, gros labeur ; opération énergique, longue, qui n'arrive à toute sa perfection que par l'application savante du corps entier. Le véritable engin de cette laborieuse confection, œuvre d'une force de volonté supérieure et d'une passion incommensurable, c'est l'oiseau lui-même ; c'est sa poitrine, avec laquelle il presse, serre les matériaux déjà disposés ou arrangés, jusqu'à les assujettir à la forme qu'ils doivent avoir et conserver.

Le nid, a-t-on dit, est une œuvre d'amour : c'est aussi une œuvre d'abnégation, une création de l'art, de l'adresse et de l'intelligence, car il y a beaucoup plus que de l'instinct dans la construction de cet objet charmant et délicat.

Les oiseaux sont intelligents, on est forcé de l'admettre; mais si certaines espèces sont mieux douées que d'autres, le développement de l'intelligence varie aussi avec les individus. Et l'on en trouve parfois qui font preuve d'une stupidité déconcertante, doublée d'un fâcheux entêtement.

Nous avons vu une Grive essayer de construire son nid sur une petite corniche de rocher. L'endroit était si mal choisi, que pour peu que l'oiseau eût présentes les lois de l'équilibre, il aurait compris qu'il était impossible au nid construit de se maintenir en cette position. L'oiseau n'entreprit pas moins son œuvre, et la catastrophe ne tarda pas à se produire. Nouvelle tentative aussi infructueuse, suivie de plusieurs autres, — avec toujours le même insuccès. — La saison était fort avancée avant que le couple se décidât à construire ailleurs.

Il est vrai qu'un endroit qui leur paraît propice exerce une sorte de fascination sur les oiseaux, et, pour s'y installer, ils n'hésitent point à accomplir les travaux les plus considérables.

Kearton nous rapporte l'aventure de ces Choucas qui s'installèrent dans le clocher d'une vieille église. Le calme, la tranquillité du lieu, leur plut infiniment. Néanmoins, pour installer leur nid en face du trou qu'ils convoitaient, il fallait exécuter des fondations de plus de trois mètres. Les oiseaux n'hésitèrent point : multipliant les allées et venues, ils construisirent, avec des bûchettes empilées, une espèce de colonnade de cette hauteur, sur laquelle ils installèrent leur nid. Lorsqu'on voulut débarrasser le clocher de ce meuble encombrant, on retira plus d'un plein tombereau de branches. On peut juger ainsi du travail supplémentaire que s'était imposé ce couple.

Les oiseaux ont donc des préférences bien marquées, et il est rare que, lorsqu'ils se sont trouvés bien quelque part, ils n'y reviennent pas.

Les Cigognes nous en offrent un exemple frappant : elles quittent l'Europe aux premiers froids, mais, dès leur retour au prin-

FIG. 6. — Cigognes.

temps, elles reprennent presque toujours leur gîte de l'année précédente.

En 1835, un gentilhomme polonais avait pris une Cigogne qui juchait chez lui, et avait passé autour du cou de l'oiseau un collier sur lequel, avant de la mettre en liberté, il avait gravé ces mots : « Cette Cigogne vient de Pologne. » Au printemps suivant, la Cigogne revint, et le Polonais retrouva non seulement le collier qu'il lui avait mis, mais un second collier en or portant cette inscription : « L'Inde renvoie la Cigogne aux Polonais avec des présents. »

Lorsque les Hirondelles ont établi leur nid sous un toit, au-dessus d'une porte, sur le seuil d'une maison, rien ne semble pouvoir les éloigner, et elles y reviennent régulièrement chaque année.

« Je me rappelle, dit un naturaliste parisien, un couple d'Hirondelles qui avait choisi pour domicile d'été une petite cour mitoyenne entre deux maisons très élevées. Sur cette cour, qui avait environ trois mètres de largeur et à peine quatre de long, s'ouvraient, à chacun des six étages, deux croisées par lesquelles dix ou douze ménages époussetaient les meubles, secouaient oreillers, tapis et couvertures. Encaissée entre quatre murs poussiéreux que des barres de fer transversales étayaient d'étage en étage, elle avait, vue d'en haut, l'aspect d'un puits profond, où jamais rayon de soleil n'avait pénétré. C'est en ce lieu sombre que les deux gracieux oiseaux venaient chaque année établir leur nid contre le mur, sur la barre de fer au-dessus du deuxième étage. Rien ne les gênait, rien ne les fâchait, ni la poussière qui pleuvait sur eux à toute heure et tous les matins inondait leur petite maison, ni les cris stridents des enfants, ni même les projectiles qui les harcelaient. Au milieu des alertes innombrables et mille ennuis, les deux époux, toujours près l'un de l'autre, toujours de bonne humeur et se prêtant un mutuel secours, veillaient sur la couvée. Les petits éclosaient, grandissaient, prospéraient, voletaient de barre en barre, s'élevaient toujours plus haut d'étage en étage, et, entraînés par leurs alertes parents, atteignaient finalement le toit, d'où ils prenaient leur essor à travers les champs ensoleillés du ciel.

Quatre fois, j'ai pu voir à chaque nouveau printemps le couple voyageur revenir en ce lieu. Il arrivait des jardins fleuris du

Midi, des monts embaumés de l'Ouest; il avait vu les plus
beaux cieux du monde, vogué sur un océan lumineux, et cependant c'était chaque année avec des frémissements de joie, des

Fig. 7. — Nid de Cigogne.

transports d'allégresse, qu'il saluait le sombre abri; tant il est
vrai que toujours et toujours sur cette terre, chez les humains
comme chez les bêtes, nos frères ici-bas, des liens mystérieux et
très doux nous rattachent ou nous ramènent au nid des premières amours. »

La construction du nid est toujours un travail fort pénible; aussi certains oiseaux se contentent-ils de réparer le nid de la saison précédente, lorsque les dégâts occasionnés par les intempéries ne l'ont point trop abîmé. Parfois l'ancien nid est utilisé comme base de fondation pour la nouvelle demeure; le Merle noir agit souvent ainsi, et l'aspect de ces deux nids superposés est assez curieux.

D'autres oiseaux, non contents de construire un nid à chaque saison, en établissent un nouveau à chaque couvée; enfin les plus infatigables, laissant libre cours à leur amour de l'architecture, en construisent plusieurs.

Le but de ces nids multiples varie suivant l'espèce; ainsi le Stercoraire parasite, espèce de Mouette de très grande taille, établit en même temps trois ou quatre nids, qui ne lui coûtent, il est vrai, guère de peine, car ils consistent en un ramassis d'herbes marines déposées sur la grève. — C'est une mesure de prudence chez cet oiseau : si le premier nid est balayé et détruit par une pluie diluvienne, il porte ses œufs dans un autre de ses nids, établi en un lieu plus élevé.

La Poule d'eau construit dans les roseaux des marais plusieurs nids assez distants les uns des autres. Dans un seul d'eux elle dépose ses œufs, les autres formeront des lieux de repos à l'usage des jeunes lorsqu'ils commenceront à parcourir le domaine aquatique du couple.

Chaque ménage de Pies établit d'ordinaire deux nids, l'un postiche, auquel il travaille avec bruit et affectation, de manière à attirer l'attention, l'autre construit à la dérobée, en silence, et qui seul reçoit les œufs.

Pour un nid destiné à sa famille, le Troglodyte mignon en construit trois ou quatre. On n'est pas bien fixé sur l'usage qu'il en fait; certainement ils ne sont pas destinés aux jeunes, car la doublure intérieure est grossière. On croyait que c'étaient les appartements réservés du père pendant que la femelle couvait; aussi leur donnait-on le nom de nids de mâles. On a constaté que le Troglodyte s'installait dans une haie, à côté parfois d'un de ces nids, sans y pénétrer. Le mystère est loin d'être résolu.

Au moment de la nidification, les relations de voisinage exis-

Fig. 8. — Poule d'eau.

tent chez les oiseaux : un même arbre peut porter des hôtes très divers, et même, contrairement à ce que l'on pouvait supposer, des espèces très différentes, et souvent même en hostilité habituelle, se rassemblent et nichent les unes à côté des autres en parfaite intelligence. Trêve d'hostilités pendant la couvée.

N'a-t-on pas vu des Crécerelles, des Effraies, nicher dans des colombiers peuplés de Pigeons? On a trouvé plus d'une fois sur le même arbre un nid de Pigeon, un nid de Pic-Vert, un nid de Mésange charbonnière, un nid d'Étourneau. Tout ce petit monde voisine et fait bon ménage. On connaît des cas d'intimité encore plus singuliers. On a trouvé dans les flancs de gros nids de Hérons, d'Aigles, de Milans, de Buses, des nids de Moineaux, de Friquets et de Grimpereaux. M. Crotté de Paluel a cité, dans le *Naturaliste,* un cas bizarre. Il s'agissait de deux nids accolés occupés par des familles différentes; disposés sur la même branche, ils sont liés l'un à l'autre : l'un est occupé par des Chardonnerets, l'autre par des Mélanocéphales.

Du reste, toute la nature semble porter son aide au travail de la nidification. Les lapins qui, dans leurs randonnées, grattent la surface du sol en maints endroits, déracinent des brins de mousse, des plantes, que les oiseaux sont heureux de ramasser et d'utiliser. Le même maître Jeannot est d'humeur belliqueuse au printemps; les combats, s'ils ne sont point très sanglants, sont fréquents; les coups, s'ils ne mettent point à mal les adversaires, pratiquent des éclaircies dans leur fourrure : les oiseaux trouveront là un duvet moelleux pour la garniture intérieure de leurs nids. Le cheval au pâturage perd ses crins, le mouton laisse des flocons de laine aux haies du chemin : ils ne seront point perdus, quelques-uns de nos gracieux chanteurs sauront les utiliser. Dans la basse-cour, le Moineau gouailleur regarde deux jeunes coqs se disputant, en ce renouveau, la suprématie au poulailler; il sait que dans quelques instants les coups de bec se traduiront par des plumes éparpillées, plumes qui lui fourniront la couche moelleuse dont il garnira le fond de son nid.

CHAPITRE II

LES OISEAUX QUI NE FONT PAS DE NID

Les oiseaux de rivage. — Les Pluviers. — Forme et couleurs des œufs. — Le Guillemot. — L'œuf du Pingouin brachyptère et sa valeur. — L'Engoulevent. — L'Autruche. — L'Eider et l'édredon. — Les gallinacés. — Fiançailles du Coq de bruyère.

Nombreux sont les oiseaux qui ne font pas de nids. Faut-il les considérer comme des paresseux incorrigibles, incapables de faire un effort pour assurer la vie de leur descendance? Mais si nous remarquons que les oiseaux qui suppriment tout travail de nidification sont précisément ceux qui, par leur genre de vie, sont obligés de déposer leurs œufs soit sur des grèves dénudées, soit dans des déserts sablonneux, nous comprendrons que, dans de pareilles circonstances, le nid, au lieu de contribuer à la protection des œufs, servirait, au contraire, à indiquer, d'une manière certaine, l'endroit où la femelle a déposé sa ponte. Le nid est, dans ces cas, non seulement une peine inutile, mais aussi un danger. Parmi les oiseaux de rivage qui « nichent ainsi sans nid », nous pouvons citer les Pétrels, les Gravelots, les Pluviers, etc.

Leurs œufs sont simplement déposés sur le sol; mais par leur couleur ils offrent tant de ressemblance avec les cailloux ou le

sol lui-même, qu'ils sont beaucoup plus difficiles à découvrir que
s'ils étaient cachés par le nid le plus intelligemment fait.

*
* *

Dans un volume fort artistiquement illustré par la photographie, M. O'Pike nous raconte les difficultés qu'il a eues, sur les
côtes d'Angleterre, pour découvrir les nids de Pluviers de Kent
et de Pluviers à collier, tant les œufs ressemblaient aux galets
sur lesquels ils étaient déposés. C'eût été pure folie que de se
promener sur la grève à leur recherche, et, à moins d'un hasard
providentiel, on aurait passé tout à côté d'eux sans les voir, on
aurait pu les écraser sans s'en apercevoir; ce n'est qu'en s'ins-
tallant à une certaine distance et en surveillant la côte avec de
puissantes jumelles, que l'on pouvait, grâce aux allées et venues
des oiseaux, découvrir l'endroit où était déposée la couvée; et,
tandis que l'observateur tenait toujours braqué sous sa lunette
le point d'où s'était levé l'oiseau, un aide s'y dirigeait et finissait
par discerner au milieu des galets les œufs si longtemps cher-
chés. M. O'Pike a eu ainsi la bonne fortune de prendre de
bonnes photographies de diverses couvées de ces oiseaux; les
clichés, fort intéressants, sinon artistiques, rappellent ces cartes-
questions qui eurent tant de vogue il y a quelques années; le titre
de ces photographies pourrait être : « Cherchez les œufs. » La
question n'est point résolue sans difficulté, tant les œufs se con-
fondent avec les pierres d'alentour; et pourtant, l'auteur l'assure,
ils sont bien plus visibles sur la photographie qu'ils ne le sont
en réalité sur la grève. Il lui est arrivé plus d'une fois, en ins-

tallant son appareil, de perdre de vue le nid, dont il n'était éloigné que de quelques mètres, et de ne le retrouver qu'après de longues recherches, s'il n'avait point pris au préalable un point de repère. Les oiseaux eux-mêmes paraissent se servir d'un de ces points pour retrouver leur couvée; on remarque, en effet, que presque toujours, à peu de distance du nid, se trouve un

Fig. 9. — Pluvier doré.

morceau de bois, un débris quelconque rejeté par les flots, à moins que les œufs ne soient déposés non loin d'une touffe d'herbe, d'un buisson quelconque.

Si un esprit malicieux vient à déplacer l'objet qui sert de repère, on voit la pondeuse voleter longtemps à l'entour, passer à plusieurs reprises au-dessus du nid, avant de pouvoir elle-même distinguer les œufs des galets environnants.

Les œufs de ces espèces sont, du reste, fort curieux à observer; au lieu d'être régulièrement oviformes, ils ont plutôt la forme d'une poire, c'est-à-dire que la différence de grosseur entre les deux bouts est fort sensible, et, réunis, ils sont toujours disposés le petit bout en dedans.

Les plages sur lesquelles les œufs sont déposés sont exposées aux vents et aux tempêtes; mais, grâce à cette forme, les œufs, au lieu d'être emportés par la bise, roulent sur place et ne sont point éparpillés et perdus.

Quant à leur couleur, ainsi que nous l'avons déjà dit, elle est marbrée de diverses nuances, de façon à ressembler aux galets qui l'entourent. La plupart des oiseaux qui laissent leurs œufs à découvert pondent des œufs plus ou moins colorés; c'est là un efficace moyen de protection.

Il est à peu près certain qu'à l'origine tous les oiseaux pondaient des œufs blancs, comme, du reste, leurs cousins germains les reptiles; mais, de même qu'il y a une espèce de lézard de la Nouvelle-Zélande qui a une tendance à pondre des œufs plus ou moins marbrés, de même cette même tendance s'est développée chez certains oiseaux. Lorsque la terrible lutte pour la vie est devenue de plus en plus âpre, les oiseaux qui pondaient des œufs blancs, facilement reconnaissables de loin et, par suite, souvent dévorés par leurs ennemis, ont dû, sous peine de disparaître complètement de la terre, modifier soit la couleur de leurs œufs, soit leur mode de nidification.

Le changement de coloration est dérivé d'une sorte de sélection naturelle provenant de ces conditions d'existence : les œufs blancs étant détruits en plus grande quantité que les autres, la majorité des jeunes qui naissaient à chaque saison, provenant d'œufs plus ou moins colorés, conservaient et transmettaient à leurs descendants la faculté de produire des coquilles s'éloignant de plus en plus du blanc pur, pour se rapprocher par leur coloration des objets environnants.

*
* *

On doit néanmoins noter quelques exceptions à cette règle. Ainsi le Guillemot (*Uria troïle*) continue à pondre un œuf — un seul par ponte — à coquille entièrement blanche, et, quoique cet œuf unique soit déposé à découvert, sans aucun nid, la race ne continue pas moins à progresser; mais le Guillemot a l'habitude de choisir, comme berceau de ses jeunes, des falaises, des rochers si inaccessibles que ces positions constituent par elles-

Fig. 10. — Guillemots.

mêmes une protection efficace. Pourtant, ces conditions ne changeront-elles pas, et n'est-il point réservé à la race des Guillemots le même sort qu'au Pingouin brachyptère, qui, très commun aux seizième et dix-septième siècles, a complètement disparu de notre globe terrestre? Il se reproduisait sur des îlots escarpés et déserts de la partie de l'Océan comprise entre le Labrador et la Norvège; les marins en firent des hécatombes inutiles, et, vers 1833, des éruptions volcaniques, qui engloutirent quelques-uns

Fig. 11. — Pingouin et macareux.

des îlots sur lesquels il nichait, amenèrent sa destruction complète.

D'après les renseignements fournis par M. d'Hamonville, le dernier représentant de la race a dû être capturé vers 1846; aussi, depuis qu'on a acquis la certitude de la disparition du Pingouin brachyptère, il a pris une grande valeur; le prix de l'œuf surtout, si modique au début, s'est élevé dans des proportions considérables; ainsi, M. des Murs dit (*Revue zoologique,*

1863) qu'il en a payé un, le 10 mai 1833, trois francs, et un autre, le 5 juin 1840, cinq francs. Vers 1853, le musée de Boulogne en cédait un à un Anglais pour le prix de six cents francs. Depuis, sa valeur n'a fait qu'augmenter dans les différentes transactions dont il a été l'objet, notamment sur le marché de Londres, où, en décembre 1887, il a atteint en vente publique le chiffre de cent soixante guinées, soit quatre mille cent soixante francs, et, le 12 mars 1888, celui de deux cent vingt-cinq livres, soit cinq mille sept cent vingt-cinq francs. Heureux ceux qui, comme M. d'Hamonville, possèdent plusieurs exemplaires de cet œuf si précieux !

Dans le désert, dans les plaines sablonneuses, un nid quelconque attirerait l'attention de l'ennemi aussi bien que sur la grève ; par suite, les oiseaux qui déposent leurs œufs à même sur le sol sont assez nombreux ; le Syrrhapte paradoxal, diverses espèces de Pratincoles, pondent sur le sable même.

**

Quoique n'habitant ni la grève ni le désert, l'Engoulevent (*Caprimulgus Europæus*) ne construit aucun nid, mais les œufs qu'il pond, et dont la coloration est fort variable, ressemblent à deux petits cailloux déposés sur la douve au milieu d'herbes et de feuilles mortes. La teinte de l'oiseau s'accorde si bien avec les alentours, que lorque la femelle couve il est fort difficile de la découvrir. Du reste, tout est bizarre chez l'utile animal qu'est l'Engoulevent. Son nom lui vient de son habitude de voler, le soir surtout, le bec ouvert, et, comme le dit de Cherville, « ce bec disproportionné, une sorte de gouffre béant, engoule l'air que l'oiseau traverse d'un vol rapide et produit un sifflement caractéristique. Bien entendu, la métromanie n'est pour rien dans cette manie de voyager la bouche ouverte ; elle est le piège qui happera les coléoptères bourdonnants, et ce piège, l'oiseau le tient tendu pour le refermer plus promptement sur la proie qu'il rencontre. En dehors de ces heures de chasse, l'Engoulevent n'est point assez malavisé pour s'imposer cette gêne dans le seul but de faire de la musique ; il fuit le bec clos, partant muet, et ce

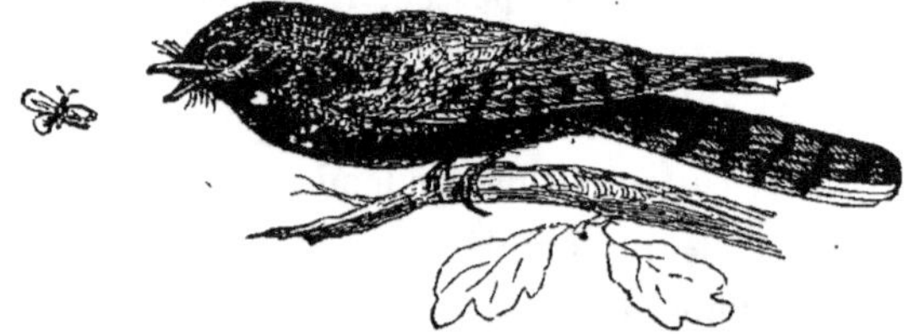

·Fig. 12. — Engoulevent.

n'est qu'à l'heure de la retraite que l'on peut apprécier la virtuosité particulière de cette espèce. » Par suite de ses habitudes crépusculaires, par suite de son habitat, l'Engoulevent ne se montre volontairement qu'aux heures où la fraîcheur du soir et l'obscurité ont chassé les derniers promeneurs.

L'Engoulevent est connu sous divers noms dans nos différentes provinces : Crapaud volant dans le Centre, Tette-Chèvre dans le Midi. Cette dernière appellation provient d'une légende fort ancienne, puisque Pline l'a propagée, et qui veut que cet oiseau entre dans les étables pour sucer le lait des chèvres, dont cet attouchement dessèche les mamelles. Dix-neuf siècles ont passé sur cette fable sans en avoir raison. Dans les Vosges, l'Engoulevent est appelé « Hirondelle de nuit », surnom bien justifié,

Fig. 13. — Autruche.

car, comme l'Hirondelle, cet oiseau est éminemment utile : comme elle il est un chasseur au vol, un grand destructeur d'insectes nuisibles.

A tort, le malheureux Engoulevent participe à la répulsion que les paysans éprouvent pour tous les oiseaux de nuit, hélas ! leurs plus précieux amis.

*
* *

L'idée du nid n'est point complètement absente chez tous les oiseaux de rivages, et nous trouvons bon nombre d'espèces parmi les échassiers qui creusent dans le sol une légère dépression pour y déposer leurs œufs ; mais peut-on appeler cela un nid ?

L'Autruche, dans les déserts sablonneux, agit de même : elle creuse le sable pour y pondre ; mais son instinct va plus loin : lorsqu'elle quitte sa ponte, elle recouvre ses œufs avec du sable.

On a peu de détails sur la façon dont cet oiseau établit son nid ; l'observation est assez difficile dans ces régions torrides et desséchées ; on a trouvé des nids tout aménagés dans le sable, avec ou sans œufs. La captivité, que supporte parfaitement l'Autruche, a permis d'éclaircir ce point. C'est le mâle qui commence par creuser un trou dans le sable ; la femelle y pond de douze à quinze œufs fort gros, les recouvrant de sable à mesure qu'ils sont pondus. Les deux époux se partagent les labeurs de l'incubation, qui durent quarante-huit jours.

Nombre de palmipèdes ont l'habitude de construire des nids si rudimentaires qu'ils ne peuvent mériter ce nom ; mais ils ont la coutume, dès qu'ils quittent leur couvée, de recouvrir leurs œufs d'un fin duvet, qui non seulement les dérobe à la vue, mais aussi empêche leur entier refroidissement. L'Eider (*Somatria mollissima*), que l'édredon a rendu célèbre, nous en offre un exemple. Cet oiseau est une sorte de gros canard de la famille des *Fuligules* et du genre *Somatria*. L'oiseau mâle, lorsqu'il a revêtu son plumage de noce, est vraiment splendide. Le sommet de la tête est d'un beau noir velouté, coupé en arrière par une bande blanche qui s'étend sur le bec en formant deux pointes ; les joues et le cou sont blancs, offrant sur la partie supérieure de la nuque et sur les côtés un large espace teint en vert-de-mer ; le dos est d'un blanc pur, la poitrine d'un cendré clair vineux, le dessous du corps d'un beau noir ; les ailes ont un miroir noir velouté intense, enfin le bec est d'un vert mat, l'iris brun, et les pieds vert-jaune. Après la saison des amours, le mâle perd ses brillantes couleurs pour revêtir un plumage plus terne, se rapprochant de celui de la femelle. Celle-ci, un peu plus petite, est roussâtre avec des taches brunes longitudinales à la tête et au cou ; la partie supérieure du corps est d'un brun foncé légèrement ondulé de noir ; le miroir de l'aile est brun bordé de noir.

Telle est la description sommaire de l'Eider commun, dont l'habitat s'étend depuis la côte est du Groenland jusque vers l'est de la Sibérie. Vers le sud, il ne couve que jusqu'à la Baltique probablement et à la partie méridionale de la mer du Nord, où les frontières de son extension s'arrêtent à l'île de Christiani (Bornholm) et à l'île de Sild, côte ouest du Schleswig. Il est abondant dans le Groënland, la Norvège, et surtout en Islande; ce sont ces trois contrées qui fournissent principalement d'édredon le marché universel.

Quoique habitant les régions boréales et préférant les eaux salées aux eaux douces, l'Eider se rencontre parfois sur nos

Fig. 14. — Eider.

fleuves du versant de la Manche, mais non loin de leur embouchure généralement; sa présence a été signalée sur les rivières de l'intérieur et même en Suisse, mais ce sont là des exceptions dues à des erreurs de route commises par de jeunes sujets.

On distingue également une autre variété, l'Eider royal, qui habite le nord de l'Asie et de l'Amérique, mais est assez rare en Europe.

L'Eider, en Islande particulièrement, nous offre le curieux exemple d'un animal qui se laisse exploiter par l'homme et est, pour ainsi dire, domestique tout en conservant sa liberté et pourvoyant lui-même à sa nourriture et à ses besoins. Cet oiseau vient, en effet, nicher sous la protection de l'homme, qui lui assure une tranquillité absolue et le défend contre les corbeaux, les aigles, les renards et autres ennemis; en échange, il prend les œufs de la première ponte, ainsi que le duvet qui sert à garnir le nid de l'oiseau; c'est en quelque sorte un contrat en partie double.

Vers la fin du mois d'avril, les Eiders se rassemblent à l'endroit où ils veulent nicher. Le mâle et la femelle travaillent en commun à leur nid, mais ordinairement ce n'est que cette dernière qui le garnit en s'arrachant le duvet.

Le creux du nid est formé de varech, de paille ou d'autres plantes sèches, avec très peu d'édredon; l'oiseau réserve son duvet pour en faire une bordure qui entoure le nid comme un rempart et qui peut recouvrir entièrement les œufs quand la couveuse quitte le nid.

Le duvet forme ainsi une sorte de matelas et n'est point éparpillé par le vent. La ponte commence en mai; durant le temps de la couvée, le mâle ne se contente pas de défendre sa femelle contre les autres mâles, il lui apporte aussi sa nourriture. Les jeunes éclos, les mâles laissent aux mères le soin de parfaire l'éducation; ils se réunissent alors en bandes nombreuses; à l'entrée de l'hiver, jeunes et vieux des deux sexes se réunissent en troupes plus ou moins compactes pour accomplir leurs migrations.

Les Islandais recueillent les premiers œufs pondus et enlèvent en même temps le duvet du nid; les oiseaux regarnissent le nid de duvet et effectuent une nouvelle ponte; on pratique souvent l'enlèvement de nouveau, ne laissant les oiseaux couver que la troisième fois; d'autres fois, avec raison du reste, car on ne fatigue point les oiseaux et l'on aide à leur multiplication, on ne touche point aux œufs et l'on ne prend le duvet qu'après le départ des jeunes. Les femelles sont si confiantes qu'on peut enlever les œufs et le duvet sans qu'elles se dérangent. Le duvet pris dans les nids a besoin d'être nettoyé, pour être vendable. On estime que dix nids peuvent produire une livre à une livre et demie de duvet nettoyé, qui se vend de douze à dix-huit *kroner* la livre de cinq cents grammes (un *krone* vaut un franc vingt-cinq).

On voit qu'un *eiderholm* de mille ou deux mille nids rapporte un joli produit à son propriétaire; aussi comprend-on la peine que prennent les Islandais pour attirer sur leurs terres les Eiders en créant des pondoirs artificiels.

Pour cela, on choisit un endroit propice non loin de la mer ou de l'estuaire d'une rivière; on l'entoure d'une clôture empêchant l'accès au bétail, tout en permettant aux Eiders d'y entrer. On y creuse des *nids ouverts*, sorte de creux d'un pied de diamètre, que l'on garnit de feuilles sèches, d'herbes; ou encore on établit des nids en gazon, sorte de huttes recouvertes d'une pierre plate et ayant une très large entrée; il faut offrir à l'oiseau un endroit tempéré. Lorsqu'on crée un nouveau pondoir, on cherche à lui donner l'apparence d'avoir été occupé, et l'on va jusqu'à placer des coquilles brisées, afin de faire croire aux nouveaux arrivés qu'ils ont déjà été habités par d'heureux couples.

Souvent aussi on s'attache à orner les pondoirs, — on croit que cela plaît aux oiseaux; — on passe dans des trous de la clôture des plumes de Corbeaux, de Mouettes; on tend des cordes avec des chiffons, du varech; on peut aussi enfiler des coquilles et des écailles de moules avec du fil de fer : cela résonne et fait du bruit par le vent. Il semble vraiment que l'Eider aime ce clinquant, surtout quand le tout brille.

Enfin, tout doit être prêt pour le mois d'avril. On a pris la

précaution de pourchasser les bêtes nuisibles, de poser des
pièges pour les prendre; on place dans l'eau environnante des
canards en bois, en caoutchouc : les Eiders croient voir des
congénères, ils s'arrêtent; un couple choisit un nid, un second
un autre; l'année suivante, le nombre augmente, car les oiseaux
viennent de préférence pondre à leur tour à l'endroit qui les a
vus naître : le propriétaire continue l'entretien de son pondoir :
il arrange les nids à chaque saison, pourchasse les bêtes nuisibles; le nombre des nids va en augmentant d'année en année.
Voilà l'Islandais rentier.

On comprend qu'à la fin du dix-huitième siècle le législateur,
voulant réglementer la protection des Eiders, ait commencé son
instruction par ces lignes : « Dans les temps passés, l'Eider a
enrichi beaucoup de monde dans notre pays, et cela se pourrait encore maintenant (1784) si l'on faisait attention à l'entretien et à l'avancement des couvées. L'Eider nourrit beaucoup
de monde avec ses œufs et le vêt aussi, parce qu'on peut acheter
et la nourriture et les vêtements avec le produit du duvet. »

C'est encore plus vrai de nos jours.

*
* *

La plupart des Gallinacés qui, soit dans les bois, dans les
champs ou dans les prairies, ne font que des nids fort rudimentaires, adoptent aussi la coutume de recouvrir leurs œufs d'un
duvet plus ou moins fin lorsqu'ils quittent le nid.

Remarquons en passant que, chez les Canards et chez de
nombreux Gallinacés, comme les Faisans Trapogans et autres, le

mâle, pendant toute la saison de l'élevage, est revêtu d'un fort
brillant plumage ; aussi la nature prévoyante ne leur a-t-elle
réservé aucun rôle dans l'incubation et dans l'élevage des jeunes ;
les femelles, au contraire, ont une livrée terne qui se confond
parfaitement avec les objets du voisinage ; elle peut rester sur

Fig. 15. — Argus.

le nid sans attirer de loin les regards, elle peut conduire sa
famille au travers des prairies ou des champs sans jeter une
note brillante au milieu de la verdure.

Dans ces espèces, les mâles n'ont point le chant pour conquérir leurs épouses : ils ne gagnent leur cœur que par leurs avantages physiques. Aussi, au moment de la pariade, quels soins
ne prennent-ils pas pour étaler leur brillant plumage ! Nous

connaissons tous le Paon faisant la roue ; l'Argus déploie encore
avec plus d'art les yeux qui ornent son magnifique vêtement. Il
s'avance vers la femelle, relève ses ailes et derrière elles cache
sa tête : ce n'est plus qu'un immense éventail animé d'un oscille-
ment continuel, c'est un miroitement des couleurs les plus vives,
un étincellement métallique. Rien ne peut décrire la splendeur
de l'oiseau en ce moment.

Tous les Gallinacés n'ont point un aussi bel habit ; certains
possèdent une livrée plutôt terne ; ils ne veulent pas moins faire

Fig. 16. — Le grand Tétras devant sa poule.

valoir leurs avantages personnels, et ils comptent sur une mimi-
que, sur une danse plus ou moins excentrique, pour remplacer
les ornements qui manquent à leur plumage. Tel est le cas du

grand Tétras ou Coq de bruyère. Il a fait entendre son appel passionné, les poules sont accourues; il descend avec calme et majesté les gradins de son arbre, met pied à terre au milieu de ses vassales, les salue courtoisement et, sans perdre de temps, les conduit vers un lieu où tout est disposé pour le faire valoir. Il gravit la tribune, la mesure du regard, se hérisse soudain, se huppe, se rengorge, s'ébouriffe, se gonfle, fait feu de toutes ses plumes pour éblouir sa cour. Sa queue s'épanouit en éventail comme celle du Paon, ses ailes traînent et balayent le plancher à la façon de celles du Dindon; il multiplie les allées et venues, c'est-à-dire les passes et contre-passes magnétiques, recueillant avidement les propos flatteurs qu'il excite et y répondant vivement par des regards de feu et des redoublements de grâce.

Ces premières rencontres, néanmoins, se bornent à des présentations et à des cérémonies. Après la réception et la parade, le maître congédie poliment ses esclaves et leur donne rendez-vous pour la séance du soir ou celle du lendemain. Aucun n'a garde de manquer à sa promesse, et au bout de quelques jours les poules, fascinées, entraînées, enflammées par les mâles attraits et les façons galantes du coq, couronnent sa flamme.

CHAPITRE III

NIDS A TERRE ET NIDS EN TERRE

Le Flamant. — Le Leipoa inventeur de l'incubation artificielle. — Le Mégapode tumulus.
— Le Talégalle. — Le Fournier. — Le Torchepot syriaque. — Le Merle. — Les Hirondelles.
— Les nids d'Hirondelles comestibles.

Nous ne nous sommes occupés jusqu'ici que d'oiseaux qui ne font pas de nids, ou dont les trop rudimentaires essais ne méritent point ce nom et ne se rapprochent en rien des demeures aériennes. Le Flamant est peut-être le premier d'entre les oiseaux qui a eu l'idée de surélever l'endroit où il dépose ses œufs.

Dame nature, à ce que prétend spirituellement Leroy, dans sa sollicitude pour les oiseaux chargés de modérer la trop grande multiplication des reptiles, batraciens et rats d'eau dans les marais et autres lieux inondés, a pris le soin de leur éviter le contact trop immédiat des rez-de-chaussée humides, sources de rhumatismes, et les a logés sur étage ; quelques-uns même, comme le Flamant (*Phœnicopterus roseus*), sont perchés si haut que le corps semble habiter au cinquième au-dessus de l'entresol. Avec de pareilles échasses, s'accroupir sur le sol à la façon des poules pour couver n'est point chose aisée ; aussi l'oiseau

a-t-il inventé un système original de nidification, qui le dispense
de cette position incommode.

Les femelles construisent, avec de la vase, du sable ou de la
terre rapportée, des cônes d'une élévation correspondante à celle
de leurs pattes; elles tronquent les cônes à hauteur convenable
et creusent à leur sommet une cuvette, où elles pondent. Cette
ingénieuse disposition leur permet de couver à califourchon, les
pieds pendants à terre « dans l'attitude de quelqu'un qui lit son
journal », et comme elles vivent en troupes nombreuses, ajoute
M. Leroy, et que leurs nids sont rapprochés les uns des autres,
leur maintien recueilli les fait ressembler de loin à des abonnés
d'un cabinet de lecture. Cela dure trente jours. »

Singulier tableau, en effet, que la réunion d'une cinquantaine
de ces hauts personnages revêtus de robes roses et assis gravement sur leurs chaises pointues à la façon des sénateurs romains.
Considéré séparément, chaque individu, du reste, ne manque pas
d'un certain ridicule : conséquence naturelle de ses longues
échasses, il est forcé, de par les lois de la statique, de posséder
un cou de dimensions proportionnées; sinon, il se trouverait
condamné à perdre l'équilibre toutes les fois qu'il voudrait se
baisser; aussi son col, vrai câble, atteint-il une longueur invraisemblable, au point que le porteur de pareil engin, lorsqu'il est
au repos, se voit dans la nécessité de l'enrouler autour de ses
épaules. Au bout de ce long cou se trouve un bec non moins
surprenant. Il est vrai que ce bec volumineux et informe recèle
une langue tuméfiée et graisseuse, friand morceau dont raffolait
l'empereur Héliogabale et dont les Égyptiens se servent en guise
de beurre ou de lard pour accommoder leurs ragoûts.

Vus de loin et considérés en masse, les défectuosités du corps
disparaissent, et les troupes de Flamants teints de rose ont ins-

Fig. 17. — Flamants.

piré plus d'un poète, et quiconque a vu réunis des centaines de ces oiseaux comprend et partage l'enthousiasme de ceux qui ont rendu compte d'un pareil spectacle. « Quand le matin, dit Cetti, on regarde de Cagliari dans la direction des lacs, on croit les voir entourés d'une digue de briques rouges, ou bien l'on croit apercevoir une grande quantité de feuilles rouges flottant à la surface des eaux. Ce sont les Phénicoptères qui se tiennent là en rangs et dont les ailes roses produisent cette illusion. L'aurore ne se pare pas de plus vives couleurs; les roses de Pestum n'étaient pas plus brillantes que ne l'est cet oiseau avec ses teintes d'un rose ardent, ses teintes d'une rose rouge nouvellement épanouie. Les Grecs ont tiré le nom de *phénicoptère* de la couleur de ses ailes; les Romains ont accepté ce nom, et les Français n'ont fait que suivre le même ordre d'idées en lui imposant le nom de *flambant* ou *flammant*. »

Écoutons aussi Brehm : « Je n'oublierai jamais, pour ma part, l'impression que je ressentis en voyant des Phénicoptères pour la première fois. C'était auprès du lac de Mensaleh; j'apercevais des milliers et des milliers d'oiseaux; mais mes regards restèrent fixés sur une longue ligne de feu, d'un éclat superbe, indescriptible. Les rayons du soleil se jouaient sur le plumage blanc et rose des Phénicoptères. Effrayée par quelque apparition fortuite, toute la bande s'envola, et, après un instant de tumulte, ces roses vivantes se groupèrent en une longue masse triangulaire, qui glissait sur l'azur du ciel. C'était un spectacle enchanteur. »

Spectacle enchanteur qu'il est inutile d'aller chercher sur les bords du Nil, en Afrique ou en Italie : les Flamants visitent nos côtes méditerranéennes et sont parfois fort nombreux sur certains points de notre littoral méditerranéen, en Camargue par excellence.

Pardonnons au Flamant le ridicule de son long cou et de ses jambes démesurées, puisqu'il sait nous offrir des tableaux si délicieusement colorés.

* *

Le Leipoa ocellé (*Leipoa ocellata*), oiseau d'Australie qui ressemble autant à certains pigeons qu'aux poules, a eu aussi, comme le Flamant, l'idée de construire des monticules pour y déposer ses œufs; mais son ingéniosité a été bien plus loin. Précédant de beaucoup Réaumur dans ses tentatives de faire éclore des œufs dans du fumier en fermentation, le Leipoa a inventé de toutes pièces l'incubation artificielle.

Gilbert et Grey, ainsi que le rapportent Gould et Brehm, ont donné les renseignements suivants sur ce singulier oiseau :

« Ce matin, écrivait Gilbert, je pénétrai heureusement dans un épais fourré, où souvent déjà j'avais cherché, mais en vain, des œufs de Leipoa. Je ne m'étais pas encore fort avancé dans l'intérieur, que l'indigène qui m'accompagnait me prévint que nous étions près d'un lieu de ponte. Une demi-heure après nous trouvons un nid, consistant en un tas de terre assez élevé, mais dans un tel massif de buissons que nous étions obligés de marcher dessus pour avancer. Désireux de ravir les trésors cachés au fond de ce nid, je repoussai mon compagnon et me fis un devoir de creuser. Cet acte déplut à mon indigène, qui me fit comprendre que, n'ayant jamais exploré pareil nid, je risquais fort de casser les œufs, et que je ferais mieux de lui laisser le soin de ce travail. Je me rendis à son avis. Il com-

mença alors par enlever la terre du milieu, de manière à former
une large dépression centrale. Quand il eut creusé ainsi environ
à deux pieds, je vis, avec une joie mêlée presque de crainte, les
gros bouts de deux œufs placés sur leur extrémité pointue. La
terre qui les entourait fut enlevée avec des précautions infinies,
car au premier contact de l'air leurs coquilles deviennent
extrêmement fragiles, et je m'emparai des deux œufs. A cent
pas plus loin nous trouvâmes un second nid, plus grand, qui
renfermait trois œufs. Dans le courant de nos investigations,
nous vîmes encore huit autres nids, mais vides d'œufs. »

« Pour vous donner une idée des localités où niche le Leipoa,
je vais essayer de décrire les collines de Wongan. Elles se trouvent à environ treize cents pieds au-dessus du niveau de la
mer, au nord-est de la maison de Drummond, dans la baie de
Tool ; elles sont entourées d'une forêt d'arbres à gomme et couvertes sur plusieurs milles d'étendue de buissons touffus, entre-
lacés, dépassant la hauteur d'un homme et formés d'une espèce
très singulière d'arbres à gomme nains. Le sol est un sable fer-
rugineux rouge. C'est de ce sable qu'est fait le monticule qui sert
de nid ; au centre se trouve un sable plus fin, mêlé à des matières végétales. Drummond, qui, en Angleterre, a pendant longtemps fait des observations sur des couches de fumier, estime
que la chaleur développée atteint environ quatre-vingt-neuf
degrés Fahrenheit. Dans les deux nids que j'ai explorés, il y avait
beaucoup de fourmis blanches qui avaient accolé leurs couloirs
à la coquille des œufs. Le plus grand monticule que je vis avait
environ vingt-quatre pieds de circonférence et cinq pieds de
haut. Dans tous les nids non encore prêts à recevoir les œufs,
la couche de matières végétales était froide et humide ; je crois
aussi qu'avant de pondre l'oiseau retourne cette couche et la

recouvre de terre. Tous les monticules dans lesquels j'ai trouvé
des œufs avaient leur surface extérieure complètement lisse,
arrondie, de telle sorte qu'un passant, ignorant les mœurs de
ces oiseaux, les aurait pris pour des fourmilières; ceux, au contraire, qui ne renfermaient pas d'œufs offraient une dépression
à leur sommet. Les œufs étaient exactement déposés au milieu
des monticules, disposés en rond, tous à la même hauteur, éloi-
gnés d'environ trois pouces les uns des autres. Ces œufs ont un
volume considérable; ils ont trois pouces trois quarts dans leur
diamètre longitudinal, deux pouces et demi dans leur diamètre
transversal, et ils pèsent huit onces. Leur couleur varie du brun
clair au rouge-laque clair.

« De toute la journée nous ne pûmes apercevoir aucun Leipoa, bien que nous en ayons trouvé de nombreuses traces. Nous
en vîmes dans des marais desséchés à deux milles des nids. Il
en résulte que le Leipoa ne demeure pas dans les fourrés où il
pond. Les indigènes assurent qu'on ne peut le tuer qu'en se
mettant à l'affût près du nid et en y attendant son arrivée, sur
le coucher du soleil. Je l'essayai; je demeurai là à attendre
pendant plusieurs heures; aucun oiseau n'apparut, et l'impa-
tience de mon guide finit par devenir telle que je dus quitter
l'affût. En repassant près du monticule, j'aperçus enfin le Leipoa,
mais il faisait trop sombre pour pouvoir le tirer. »

Grey complète ainsi les renseignements de Gilbert : « Les
monticules que construit cet oiseau ont à leur base de douze
à treize pieds de circonférence et sont hauts de deux à trois
pieds; le sable et les herbes y sont ramassés dans un rayon de
quinze à seize pieds, à partir du pourtour extérieur. Voici comment sont faites ces constructions : Une dépression presque
circulaire, d'environ dix-huit pouces de diamètre et de sept à

huit pouces de profondeur, est d'abord creusée dans le sol ; elle est remplie de feuilles sèches, de foin et d'autres substances analogues ; des matières semblables sont amassées tout autour. Cette première couche est couverte de sable mêlé à des herbes sèches. Avant de pondre un œuf, l'oiseau creuse le monticule, c'est-à-dire qu'il creuse à son sommet une cavité de deux à trois pouces de profondeur, dispose son œuf dans le sable, puis le recouvre et arrange le monticule. Un second

Fig. 18. — L'*Amblyornis inornata* et son nid.

œuf est placé dans le même plan horizontal que le premier, mais à l'extrémité opposée du même diamètre; le troisième et le quatrième le sont aux extrémités du diamètre perpendiculaire à ce premier; les autres sont disposés dans les intervalles qui séparent les quatre premiers. Le mâle aide la femelle à ouvrir et à fermer les monticules. Les indigènes assurent que la femelle pond chaque jour un œuf (ce sont sans doute des femelles différentes). A ma connaissance, on n'a jamais trouvé plus de huit œufs dans un nid. »

Tous les membres de cette même famille pratiquent l'incubation d'une façon analogue. Ainsi le Mégapode tumulus (*Megapodius tumulus*) construit ses monticules près des bords de la mer avec un mélange de sable et de coquillages; quelques-uns contiennent de la vase et du bois pourri. Leurs dimensions sont fort considérables, quoique très variables; on en a vu ayant seulement cinq mètres de haut et cinq mètres cinquante de circonférence, tandis que chez d'autres la circonférence dépasse trente mètres; il est fort probable que ces nids gigantesques sont l'œuvre de plusieurs couples et que chaque année ils sont agrandis et réparés.

*
* *

Le Talégalle ou Cathéture de Latham (*Catheturus Lathami*),
proche parent du précédent, habite les mêmes régions; on a
pu observer la façon curieuse dont il construit son nid, et à ce
sujet Sclater fournit les renseignements suivants, d'après un
couple captif. Lorsque la saison des amours approche, le mâle
se met à ramasser toutes les matières végétales qui se trouvent
dans son enclos; il les prend avec une patte et les rejette derrière lui; il commence toujours son travail par le bord du
parquet et finit ainsi par former un tas au milieu. Dès que ce
tas a atteint environ quatre pieds de haut, les deux oiseaux, le
mâle et la femelle, s'occupent d'en aplanir le sommet, puis ils
creusent une dépression au centre. C'est dans celle-ci que les
œufs sont pondus. Ils sont disposés en cercle et à quinze pouces
environ au-dessous du sommet, et soigneusement recouverts.
La femelle laisse à la nature le soin d'achever l'œuvre qu'elle a
commencée.

Le mâle, pourtant, tout en construisant d'autres meules dans
lesquelles la femelle continue à pondre, ne cesse point de s'occuper de la couvée et fait preuve d'une grande intelligence. Il
surveille soigneusement la marche de l'incubation, et surtout la
chaleur fournie par ces matériaux en décomposition. Il exhausse
son travail, y pratique des saignées, ne laisse qu'une ouverture
ronde pour permettre l'accès de l'air et servir à modérer la
température. Par les temps chauds, il découvre les œufs presque complètement deux ou trois fois par jour.

Les jeunes, une fois éclos, restent au moins douze heures dans l'intérieur de la meule sans essayer d'en sortir. Le second jour, ils se montrent au dehors; leurs ailes sont complètement développées, mais une enveloppe qui va tomber bientôt entoure encore les pennes. Ils ne paraissent d'ailleurs pas disposés à se servir immédiatement de leurs ailes et ne font que courir. Dans l'après-midi ils reviennent au tas, et leur père les y enfouit, à une profondeur moindre que celle où se trouvaient les œufs; au bout de trois jours, ils sont capables de voler.

Le Talégalle est un père de famille modèle.

*
* *

La terre est un des matériaux que l'oiseau peut se procurer le plus facilement. Aussi, nombreux sont les membres de la gent ailée qui l'utilisent, non seulement pour former des tumulus plus ou moins perfectionnés, comme ceux que nous venons de passer en revue, mais aussi pour construire de vrais nids aériens installés dans les branches d'un arbre ou adossés contre un mur, un pan de rocher.

Un artiste dans ce genre de travail est assurément le Fournier roux (*Furnarius rufus*), qui habite certaines régions du Brésil et qui garnit les branches des arbres de grosses boules de terre ressemblant à des melons percés d'une ouverture au centre. Ces boules sont des nids, et ils sont vraiment surprenants, quand on considère la faible taille de l'oiseau. « La demeure du Fournier est d'ordinaire construite sur une branche horizontale ou à peine inclinée, de huit centimètres d'épaisseur, dit Burmeister; il est très rare qu'on en voie sur un toit, un balcon, la croix d'un clocher. Le mâle et la femelle travaillent de concert. Ils commencent par déposer une première couche d'argile détrempée par les pluies. Ils en forment des sortes de boulettes, qu'ils transportent sur l'arbre et qu'ils étalent à l'aide de leurs pattes et de leur bec. D'ordinaire, quelques débris végétaux sont enchâssés dans cette boue. Lorsque cette couche a une longueur de vingt-deux à vingt-cinq centimètres, les oiseaux l'entourent d'un rebord, un peu incliné en dehors, atteignant au plus six centimètres de haut, plus élevé aux extrémités qu'au milieu et disposé de manière à former une ligne concave. Sur ce rebord, une fois qu'il est sec, ils disposent un second rebord semblable, un peu incliné; puis vient un troisième, et ainsi de suite jusqu'à ce que la coupole soit terminée. Sur un des côtés est ménagée une ouverture arrondie primitivement, puis demi-circulaire. Je l'ai toujours vue disposée verticalement, ayant de huit à onze centimètres de haut et de cinq à six de large en son milieu. Lorsque le nid est fini, il ressemble à un petit four ayant de seize à dix-neuf centimètres de haut, vingt-deux à vingt-cinq centimètres de large, et de onze à quatorze centimètres de profondeur. Les parois ont une épaisseur de trois à quatre centimètres. La cavité intérieure a donc une hauteur de onze à quatorze centimètres, une longueur de quatorze à dix-sept centimètres et une largeur de huit à onze centimètres. Je pris un nid près d'être achevé, il pesait neuf livres.

« C'est dans cette cavité que l'oiseau construit son nid proprement dit : du bord droit de l'ouverture part une cloison verticale se dirigeant dans l'intérieur de la construction et portan une autre cloison transversale, placée au-dessus du fond. La chambre ainsi délimitée est soigneusement tapissée d'herbes sèches et, plus en dedans, de plumes, de coton, etc. C'est là que la femelle pond de deux à quatre œufs blancs. Les deux parents les couvent alternativement ; tous deux nourrissent leurs petits. La construction se fait à la fin d'août ; une première ponte a lieu au commencement de septembre, une seconde ponte bien plus tard. »

Il convient d'insister sur l'art avec lequel le Fournier sait mélanger l'argile avec des plantes fibreuses, créant ainsi une armature intérieure qui assure la solidité de son édifice ; du reste, le soleil des tropiques a bien vite fait de dessécher, de durcir l'argile humide et de transformer l'œuvre de l'oiseau en une véritable pièce de poterie, capable de résister aux intempéries et de supporter les chocs qui pourraient survenir.

*
* *

Le *Grallina Australis,* quoique contruisant un nid ouvert qui diffère totalement par la forme de celui du Fournier, emploie des matériaux identiques, c'est-à-dire de la boue et de l'argile humide dans lesquelles sont introduits, pour assurer la solidité de la construction, des herbes, des petites branches et même des plumes, rappelant ainsi ces vieilles briques babyloniennes dans lesquelles la paille et le foin servaient à maintenir la terre mal cuite. Le nid ainsi bâti est établi généralement au point d'intersection de deux branches horizontales ; il offre la forme d'une coupe plus ou moins régulière.

Le Torchepot syriaque (*Sitta Syriaca*) se sert aussi de la terre gâchée pour construire avec art son nid muni d'un couloir d'entrée en forme de goulot de bouteille, long d'environ trente centimètres et aboutissant à une chambre arrondie tapissée de poils de chèvre, de bœuf, de chien et de chacal. En dehors, il est recouvert d'ailes cornées de certains coléoptères. Le nid est généralement construit dans le voisinage d'autres, contre une paroi de rochers escarpés, sous une corniche qui lui fournit un toit naturel.

Au dire de Krüper, le Torchepot syriaque prend un plaisir extraordinaire à construire. Ce naturaliste trouva une cavité naturelle de rocher que l'oiseau avait disposée pour lui servir de demeure; il l'avait murée en avant et munie d'un couloir artificiel de sept centimètres de long fait avec de la terre et du fumier mêlés à des ailes de coléoptères. Il enleva ce mur. Trois semaines plus tard, la cavité avait disparu; l'oiseau l'avait complètement bouchée. Il détacha de nouveau la couche de terre qui la fermait, mais ne trouva rien dans le nid : il en conclut que l'oiseau n'avait exécuté ce travail que par passe-temps.

*
* *

Les travaux de ces oiseaux de pays étrangers sont certainement des plus remarquables; nous possédons néanmoins dans
nos contrées des travailleurs en terre gâchée qui méritent à plus
d'un titre d'attirer notre attention.

Nous connaissons tous le Merle (*Turdus merula*), ce gavroche
des buissons; durant tout l'hiver, nous avons pu voir sa robe
noire se détacher sur le blanc linceul que la neige avait déposé
sur les prairies et les guérets; sa voix claire, vibrante comme
une fanfare, s'est seule fait entendre pendant les longues journées
où soufflait l'âpre bise.

Sans cesse en mouvement, sans trêve en éveil, nous l'avons
vu et nous le voyons encore aujourd'hui voleter d'arbre en arbre,
de taillis en taillis, de touffe en touffe, ne pouvant rester en
place plus d'une seconde. Il se rase, il s'enfuit au plus profond du
fourré, il sautille, va, vient; tantôt nous apercevons dans la haie
ses petits yeux cerclés d'or qui nous regardent curieusement;
tout à coup c'est une flèche noire qui s'envole en croassant, ayant
l'air de nous railler. Il s'en va plus loin, le merle bavard, raconter,
sans doute, son opinion à notre égard aux moineaux piailleurs.

Curieux, bavard, méfiant, finaud, tel est le fond de son caractère. Sa curiosité est telle que le moindre bruit dans les bois
l'attire invinciblement : sautillant de chêne en chêne, de pin en
pin, il vient se rendre compte du plus léger mouvement perçu par
son ouïe incomparable. Gare alors au plomb meurtrier qui part
d'une retraite invisible où le chasseur s'est posté, l'appeau aux
lèvres. Combien de fois ne l'a-t-on pas maudit, quand, au moment

de le mettre en joue, l'oiseau méfiant, d'un coup d'aile alerte, met, en sifflant, un ravin profond entre lui et le chasseur qui le guette; on le tient au bout du fusil, le doigt prêt à presser la détente : il disparaît comme par enchantement, et il ne faut pas songer à le tirer au vol, tellement ce vol est rapide et difficile à suivre.

C'est lui-même, peut-être, le finaud, aussi rusé qu'un renard, qui est l'auteur du proverbe : « Faute de grives, on mange des merles, » donnant ainsi à entendre au chasseur que sa chair ne vaut pas le coup de fusil. Rien n'est plus faux, et dans certains pays, en Corse notamment, il jouit d'une grande réputation comestible. Le cardinal Fesch, oncle de Napoléon, en faisait venir tout l'hiver. On allait dîner chez Son Éminence pour ses nobles manières, son gracieux accueil et pour... ses merles.

Dans quelques provinces méridionales, le Merle est connu sous le nom d'*advoucat,* en raison peut-être de sa tenue austère et de son beau langage. Si l'on rapproche la signification que l'on donne dans un certain milieu à l'expression de *joli merle,* ces messieurs du barreau n'ont pas lieu d'être satisfaits.

Sa livrée, quoique noire, n'a pas l'aspect lugubre de la livrée du Corbeau; son bec et ses paupières jaune franc en rompent la monotonie; quelques sujets offrent des colliers, des plastrons plus clairs; le merle blanc lui-même existe : l'albinisme, quoique très rare, s'y rencontre aussi bien que dans d'autres espèces.

Le Merle se devait à lui-même de se distinguer dans la confection de son nid; il est formé extérieurement de racines, de brins d'herbes recouverts à l'intérieur d'un revêtement de terre glaise, qui est lui-même caché sous une couche moelleuse de feuilles et de mousse.

Le mâle ne s'occupe point de la construction, il en laisse tout le soin à sa femelle; mais n'allez pas croire pour cela qu'il se désintéresse de cette œuvre ; tout au contraire, c'est avec une visible satisfaction qu'il constate l'habileté dont elle fait preuve. Rien n'est plus amusant que d'observer ces oiseaux par une belle matinée de printemps, lorsque, sous la feuillée diamantée encore par des gouttelettes de rosée, ils se montrent tous les deux affairés dans ce travail de nidification ; le mâle est, en effet, — quoique en réalité il ne fasse rien, — aussi affairé que son épouse. Lorsque celle-ci prend son essor pour aller chercher dans un coin de la futaie quelques brins de mousse savamment choisis, le mâle la suit dans tous ces voyages, sautillant de branche en branche sans jamais la perdre de vue ; et lorsqu'elle est de retour au nid, il est là aussitôt, installé sur une aubépine voisine et la couvant du regard, épiant tous ses mouvements. Les voyages se renouvellent, et depuis l'aube une trentaine ont été faits ; le soleil avance sur l'horizon, il est bientôt neuf heures : assez travaillé pour aujourd'hui ; la femelle vient rejoindre le mâle, et tous les deux se reposent en se mettant en quête de leur nourriture.

Il y a trois étapes dans la construction du nid du Merle. Tout d'abord, l'oiseau se montre un tresseur assez exercé, enlaçant habilement de fines racines avec de petits rameaux, de façon à former un parement extérieur résistant et solide, sinon élégant ; puis il se montre maçon, maniant la terre glaise ; enfin il se fait tapissier pour garnir l'intérieur.

C'est surtout par le revêtement intérieur en terre glaise que le nid du Merle diffère de celui de la Grive, sa cousine germaine, celle-ci formant cette sorte de bâtisse de parcelles de bois pourri pétries avec de la bouse de vache.

Le Merle, après avoir terminé l'extérieur de son nid, se dirige vers un ruisseau, une mare, une flaque d'eau, et détache une petite

charge de boue, ou plus exactement un paquet de racines de
plantes aquatiques auxquelles la boue reste attachée ; l'oiseau
peut ainsi saisir facilement cette masse avec son bec, et, la terre

Fig. 19. — Merle.

humide restant attachée aux racines, il peut emporter un faix
beaucoup plus considérable que s'il était obligé, comme l'Hirondelle, d'apporter ses matériaux becquée par becquée.

*
* *

L'Hirondelle est peut-être l'oiseau dont on s'est le plus occupé,
— et cela depuis un temps immémorial, — mais trop souvent

pour en dire du mal. Tobie, le premier sans doute, a fourni des motifs à cette mauvaise réputation. Ces oiseaux indiscrets qui occasionnèrent — les naturalistes s'accordent à dire que les passereaux dont parle l'Écriture étaient des Hirondelles — une cécité que le fiel de poisson put seul guérir, ne pouvaient être considérés comme des amis de l'homme, puisqu'ils ne le respectaient point. Pythagore ne fut pas plus tendre à leur égard et s'exprima en termes durs contre les Hirondelles, dont les cris et le gazouillis le dérangeaient dans ses recherches scientifiques ; ses découvertes peuvent, peut-être, servir d'excuse à cette déplorable sortie ; en outre, Pythagore était le chef d'une secte qui recommandait à ses adeptes de rester trois ans sans parler.

En tous cas, ce géomètre de l'antiquité n'eut point la même patience angélique que saint François d'Assises.

« Voilà bien des heures que vous babillez, ô hirondelles, mes sœurs ; taisez un peu vos becs, que je m'explique à mon tour et que je fasse entendre à ces braves gens la parole de Dieu, » s'écria-t-il un jour où le babillage de ces gentilles bestioles empêchait ses paroles de parvenir aux oreilles de son auditoire.

« Ce que les hirondelles oyant, ajoute l'histoire, elles se turent soudain et écoutèrent, avec un recueillement profond, le verbe du saint homme. »

Pour revenir à des temps moins lointains, d'après Toussenel, ce sont les moines qui crièrent le plus haro contre la gracieuse messagère du printemps ; la raison qu'en donne le spirituel auteur est assez amusante et vaut la peine d'être rapportée. Les moines successeurs du bienheureux saint François d'Assises n'étaient pas pétris du même zèle que lui : ils aimaient à dormir la grasse matinée ; le gazouillis des Hirondelles leur rappelait qu'elles étaient levées avant eux et qu'il était grandement temps de prier l'Éternel. Le désir de se débarrasser d'un réveille-matin aussi incommode aurait été le premier démon qui poussa les bons pères à prêcher une croisade contre ces oiseaux.

La gourmandise s'en mêla plus tard, et des curieux, comme il y en a toujours eu chez les moines, avisant que les jeunes pris au nid, à l'apogée de la croissance, étàient un mets plus que mangeable, l'usage s'introduisit peu à peu dans les monastères d'exploiter les nids d'Hirondelles en coupe réglée, comme on faisait de ceux de Pigeons. Puis, quand les moines eurent goûté la chair des petits, l'envie leur vint de tâter celle des pères, qui fut trouvée d'aussi bon goût, surtout au moment des passages. Les oiseleurs, suivant l'exemple des capucins, déclarèrent alors une guerre sans trêve et sans merci à l'aimable oiseau; de là sont venues les tristes hécatombes qui se pratiquent chaque année sur les rives méditerranéennes, à l'époque des migrations.

Nous laissons, bien entendu, à Toussenel toute la responsabilité de cette assertion; un seul fait nous intéresse : l'immense destruction d'Hirondelles qui se commet chaque année et qui menace de causer l'extinction de l'espèce.

Les Hirondelles, il ne peut y avoir de doute à cet égard, rendent de grands services aussi bien dans les villes que dans les campagnes : seules elles chassent au vol, durant le jour, les petits insectes ailés, diptères, lépidoptères, névroptères, etc., dont elles limitent la propagation; la plupart des larves de ces insectes sont très dévastatrices, quoique l'animal parfait soit généralement inoffensif. Cet oiseau est donc éminemment utile, au point de vue agricole, dans un pays de culture intensive qui favorise la multiplication des insectes.

On a fait ressortir, dernièrement, le rôle que peut jouer cet auxiliaire ailé au point de vue de l'hygiène. Il est, en effet, prouvé maintenant que de nombreux insectes sont les propagateurs les plus actifs de certaines épidémies dangereuses. Les puces, que malheureusement l'oiseau ne détruit point, sont le moyen de transmission le plus fréquent de la peste des rats à l'homme, et les fièvres paludéennes, la fièvre jaune même, pénètrent le plus souvent dans l'organisme de l'homme par la trompe des moustiques, dont l'Hirondelle se régale. C'est donc avec raison qu'on la déclare utile « en détruisant les moustiques et les mouches, qui propagent diverses maladies microbiennes ».

On a été d'accord sur ce sujet à un congrès d'ornithologie. Un membre, pourtant, a émis l'opinion étrange que cet oiseau était justement nuisible, parce qu'il détruisait les mouches, qui, d'après lui, étaient des animaux fort utiles.

« Elles aident, disait ce congressiste, à la destruction des matières organiques en putréfaction. »

C'est possible ; mais par combien de méfaits ne font-elles point payer ce léger service, que d'autres dissolvants achèveraient sans elles ! Cette opération ne se fait, du reste, pas sans danger pour nous, témoin la mouche charbonneuse.

L'utilité de l'Hirondelle a été reconnue ; il est grand temps d'arrêter les massacres dont elle est l'objet.

Des esprits ingénieux ont songé à demander encore d'autres services à cet oiseau ; connaissant l'amour des hirondelles pour leur nid, leur grande faculté d'orientation et la vitesse de leur vol, ils ont songé qu'elles pourraient, comme porteurs de dépêches, être plus rapides que le classique Pigeon voyageur. L'idée, du reste, n'est pas neuve ; Pline, entre autres, atteste l'antiquité de correspondances *hirondellières*. Le grand historien cite un certain chevalier, Cecina de Volaterre, entrepreneur de courses et

de jeux, qui emportait à Rome des Hirondelles pour faire con-
naître les résultats de ses entreprises.

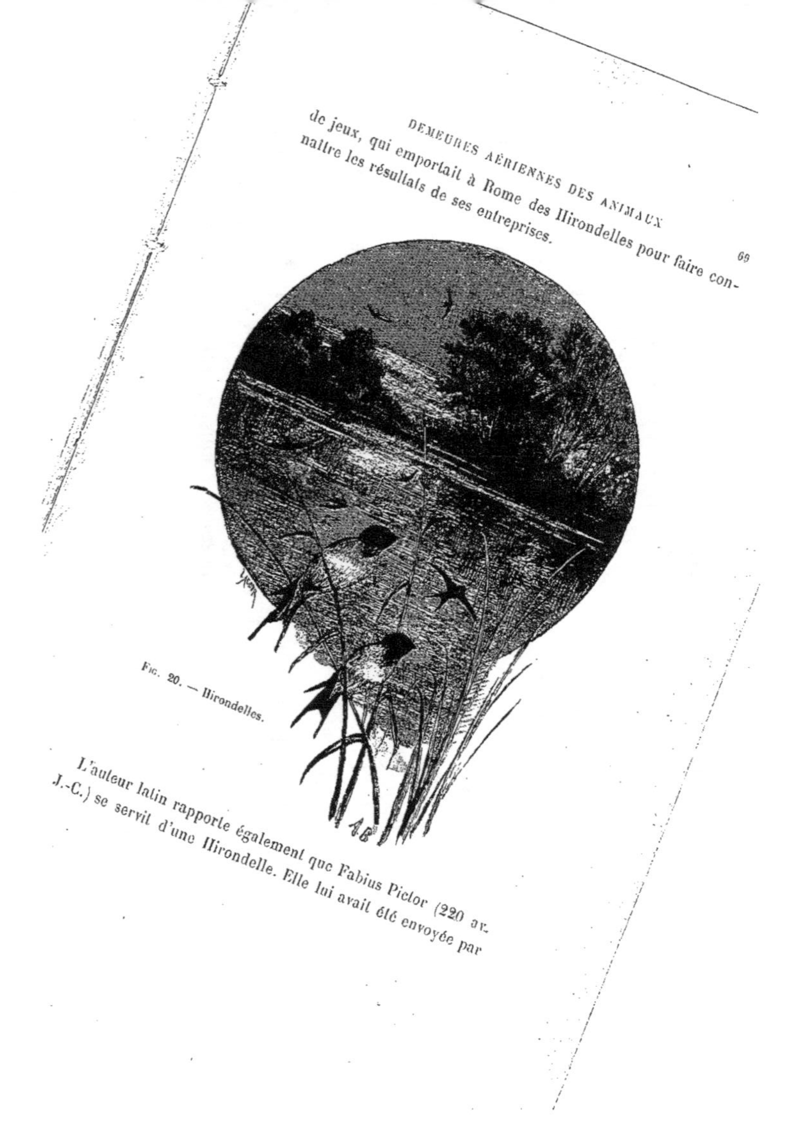

Fig. 20. — Hirondelles.

L'auteur latin rapporte également que Fabius Pictor (220 av.
J.-C.) se servit d'une Hirondelle. Elle lui avait été envoyée par

une garnison romaine, assiégée par les Liguriens. Il lâcha immédiatement l'oiseau avec un ruban à la patte, et, au moyen de nœuds faits préalablement à ce ruban, le général fit savoir dans combien de jours les secours arriveraient.

En remontant dans la nuit des temps, on retrouve l'Hirondelle messagère aux jeux Olympiques.

L'Hirondelle est bien capable de nous rendre quelques services de ce genre, mais, quoique pouvant, par sa petite taille, traverser des lignes ennemies sans éveiller l'attention comme un pigeon, on ne peut compter sur elle pour un service régulier. Elle supporte mal ou pas du tout la captivité, on ne peut donc la conserver longtemps loin de sa demeure; en hiver, en admettant qu'on puisse empêcher sa migration, elle ne serait d'aucune utilité, le froid la saisirait et l'empêcherait d'effectuer le trajet qu'on lui demanderait.

Ajoutons encore la difficulté de nourrir un oiseau essentiellement insectivore.

Le Pigeon gardera longtemps sa suprématie dans le service postal.

Nous possédons en France trois espèces d'Hirondelles; nous laisserons de côté le Cotyle, ou Hirondelle qui creuse de curieuses galeries, pour y déposer ses œufs, et qui a été de notre part l'objet d'une étude dans un volume précédent, pour nous occuper des deux autres espèces, qui toutes les deux bâtissent leur nid avec de la terre.

L'Hirondelle rustique ou de cheminée (*Hirundo rustica*) arrive chez nous dans les premiers jours d'avril et, avec autant d'assurance qu'un citadin rentrant de villégiature, retourne directement à son ancien nid, qu'elle répare s'il est altéré, pendant que les nouveaux couples se mettent à en construire un. Le même nid, s'il ne subit aucune dégradation sérieuse, peut servir plusieurs années, mais il ne sert pas à plusieurs générations, comme on serait tenté de le croire ; le père et la mère reviennent seuls aux mêmes endroits, tandis que les jeunes vont s'établir ailleurs.

Le nid est toujours construit dans les lieux habités, ou dans leur immédiat voisinage, comme sous les hangars, dans les greniers, les écuries, les pièces dont les fenêtres restent ouvertes,

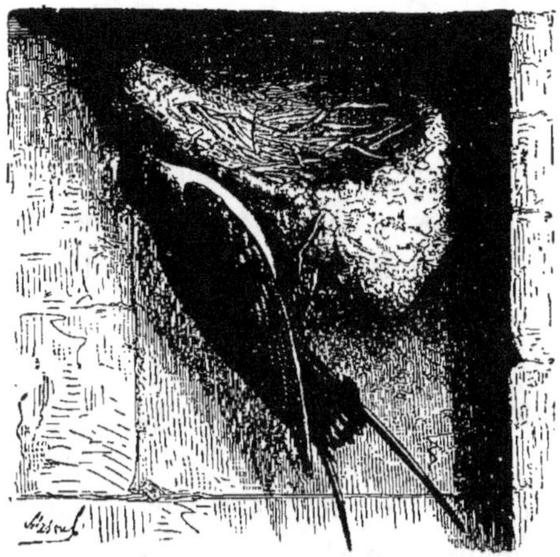

Fig. 21. — Nid de l'Hirondelle de cheminée.

les vieilles cheminées, etc., mais toujours à l'abri de la pluie, qui, délayant les matériaux, en ferait vite une masse informe.

Le nid est fait avec de la terre grasse ou argileuse, que l'oiseau va chercher dans les lieux humides et qu'il rapporte dans sa bouche ; et comme celle-ci est fort petite, on a calculé qu'il lui fallait exécuter plus de cinq cents voyages pour parfaire son nid. L'Hirondelle délaye cette terre avec sa salive, formant ainsi de petites boulettes qu'elle agglutine les unes contre les autres. Des poils, des tiges d'herbes, contribuent encore à en consolider les parois, mais c'est surtout la salive de l'oiseau qui sert à cimenter les éléments et à donner de la solidité au tout. Le nid est à ciel ouvert et affecte la forme d'un quart de sphère ; il est ordinairement bâti dans une encoignure ou contre un chevron ; l'extérieur est toujours fort rustique, l'oiseau n'essaye pas d'en lisser les parois ; on reconnaît encore parfaitement les diverses boulettes accolées les unes contre les autres, suivant sa position.

Du reste, selon les circonstances, la forme du nid peut varier, et lorsqu'il est bâti sur une surface plane, il figure une demi-sphère ou une sorte de coupe. Quelle qu'en soit la disposition, ses parois, à l'endroit où il est fixé, sont toujours fort épaisses ; habituellement le bord supérieur, horizontal, est plus élevé que le point d'intersection. Les dimensions habituelles sont vingt-deux centimètres de diamètre et onze centimètres de profondeur ; son poids moyen est de deux cent trente-cinq grammes, la paille et les herbes entrant, d'après Lescuyer, pour trois grammes dans ce poids total.

L'intérieur du nid est garni de tiges fines, de poils, de plumes. L'Hirondelle prend grand soin de tapisser chaudement la pièce qui doit recevoir les œufs ; aussi peut-on souvent la voir se précipiter dans les airs pour y saisir une plume, qu'elle enlève et emporte au plus vite comme un précieux trésor.

L'Hirondelle urbaine ou Hirondelle de fenêtre (*Hirundo urbica*) se distingue principalement de l'Hirondelle rustique par le dessous de son corps, qui est d'un blanc pur, au lieu d'être jaunâtre comme chez cette dernière ; par sa gorge blanche, au lieu d'être rougeâtre et marquée d'une large bande noire, et par sa queue, beaucoup moins longue et moins fourchue que dans l'espèce précédente.

Elle se différencie aussi par la position et la forme de son nid.

Tandis que l'Hirondelle rustique établit toujours son nid dans un
endroit abrité, hangar, écurie ou lieu semblable, l'Hirondelle
construit son nid contre les murs des maisons (au besoin contre
les rochers dans les pays peu habités), en ayant soin de choisir
une position abritée de la pluie par une corniche; le nid, en outre,
au lieu d'être ouvert, est fermé ou recouvert à sa partie supérieure. Cette forme a été sans doute adoptée à cause de la petitesse relative de la queue de l'oiseau. Par suite de la longueur
de cet appendice, il serait impossible à l'Hirondelle rustique de

FIG. 22. — Hirondelle de fenêtre.

s'installer commodément dans pareil nid; aussi a-t-elle dû adopter
le nid découvert et le placer dans un endroit bien abrité.

Le mode de construction du nid diffère peu d'ailleurs; il est
toujours bâti avec des boulettes de terre pétries avec de la salive
et mélangées à des herbes et des plumes; toujours situé dans un
endroit protégé par le haut, il est établi tantôt sous les toits, tantôt sous les corniches, les chapiteaux des colonnes, dans les em-
brasures des fenêtres. Sa forme est généralement demi-sphéri-
que; il est muni d'une ouverture circulaire très petite, n'excédant
pas le volume du corps de l'oiseau. L'intérieur est soigneusement
tapissé de crin, de plantes sèches et de plumes, de façon à former
un lit moelleux aux jeunes. Son poids atteint quatre cent vingt
grammes, les herbes n'y entrant que pour deux grammes. On

comprend qu'il soit beaucoup plus pénible à construire que celui
de l'espèce précédente, quoique ses dimensions intérieures soient
à peu près les mêmes. Par un beau temps non interrompu, l'Hirondelle de cheminée peut terminer son nid dans une huitaine,
tandis qu'il faut toujours une bonne quinzaine à l'Hirondelle de
fenêtre pour parachever son œuvre. Le même couple utilise plusieurs années de suite le nid qu'il s'est bâti ; à chaque saison il
en répare soigneusement toutes les avaries et garnit à nouveau
l'intérieur.

Il est rare de voir un nid isolé, et ordinairement on en rencontre plusieurs côte à côte.

Les Hirondelles, du reste, sont des oiseaux fort sociables, et une
sorte de sentiment de confraternité les rend secourables entre
eux. Qu'un couple vienne à périr, à ce que prétendent divers naturalistes, les voisins accourent à l'appel des enfants affamés et
se chargent de leur éducation.

Ernest Menault, dans son livre *De l'Intelligence des animaux*,
cite le cas d'une Hirondelle qui dut son salut à l'assistance de
ses compagnes. Cette Hirondelle, ayant un fil à la patte, s'était
accrochée accidentellement à une corniche de l'Institut. Sa force
épuisée, elle restait suspendue et jetait des cris plaintifs. Obéis-
sant comme à un signal, toutes les Hirondelles des alentours
s'étaient réunies, au nombre de plusieurs centaines, avaient tenu
conseil et, après s'être concertées, elles se mirent à tour de rôle
à donner, en voltigeant, un coup de bec au fil qui retenait la pri-
sonnière ; en peu de temps le fil fut coupé, et la captive délivrée.

M. Leroy rapporte, d'après Batgowski, un autre exemple de
solidarité entre ces oiseaux. « Un Moineau s'était emparé du nid
d'une Hirondelle et ne voulait pas en sortir. D'où contestations
violentes. Les Hirondelles d'alentour accoururent à l'aide de

leur voisine; mais ni les cris, ni les menaces, ni les coups de
bec, ne purent avoir raison de la résistance du Moineau, s'obsti-
nant dans le nid comme dans un fort. De guerre lasse, les assié-
geantes se divisèrent en deux troupes : l'une préposée à la garde
du nid, empêchant l'intrus de sortir, l'autre apportant du mor-
tier becquée par becquée et maçonnant le trou de sortie jusqu'à
ce que ce trou fût complètement muré. Le ravisseur fut ainsi
puni et condamné à périr dans son oubliette.

Fig. 23. — Hirondelle de cheminée.

Il existe de nombreuses espèces d'Hirondelles exotiques qui
bâtissent des nids en terre de formes se différenciant plus ou
moins de celles adoptées par les variétés européennes; citons
seulement le Chelidon Ariel (*Hirundo Ariel*), d'Australie, qui
construit, au moyen de terre pétrie avec la salive et mélangée
avec des herbes, des nids en forme de bouteilles, munies d'un
goulot servant d'entrée et atteignant une longueur de vingt-cinq
à trente centimètres. Ces nids, établis non seulement sous les toits
des maisons, mais le plus souvent contre les parois de rochers,
sont groupés sans ordre apparent au nombre de quarante à cinquante, l'un à côté de l'autre. Gould assure que tous les mem-

bres de la colonie paraissent travailler en commun, car on voit
cinq ou six sujets occupés à bâtir un seul nid, ou du moins
apportant la terre à la femelle qui le construit.

L'Hirondelle à cou fauve (*Hirundo fulva*), espèce américaine,
construit avec de la terre, comme l'Ariel, des nids en forme de
bouteille, mais avec un goulot beaucoup plus large ; elle pousse
l'amour de la société à un tel point qu'on lui donne quelquefois
le nom d'Hirondelle républicaine ; c'est, en effet, par colonies
fort nombreuses qu'elles s'installent sur un rocher, dont elles
couvrent littéralement les parois avec leurs curieux nids. Elles
vont chercher au loin leur nourriture dans des endroits marécageux, et s'y rendent par troupes si compactes qu'on a pu comparer leur vol à de véritables trombes.

Nous ne pouvons quitter la famille des Hirondelles sans parler
des fameux nids connus dans le monde entier comme une rareté
gastronomique. Il est évident que ces nids n'offrent comme matériaux aucune ressemblance avec ceux des espèces ordinaires ; car
le fameux potage aux nids d'Hirondelles ne serait qu'une affreuse
bouillie de terre plus ou moins propre.

Ces nids sont faits par une Salangane (*Collocalia nidifica*), sorte
d'Hirondelle qui habite surtout les îles de la Sonde ; ils consistent en des sortes de coupes plus ou moins régulières, faites
d'une matière blanchâtre, translucide, friable, très analogue à la
gomme arabique, dure, et qui dans l'eau se ramollit et se gonfle

un peu, sans cependant changer de forme. La consistance en
devient alors gélatineuse.

Quant à l'origine de ces nids comestibles, on a émis trois théories nettement distinctes.

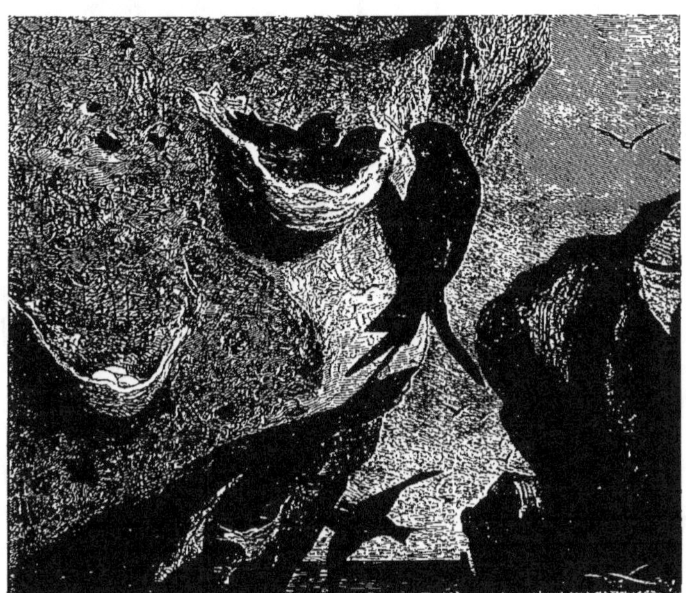

Fig. 24. — Nids de Salanganes.

D'après une première théorie, les matières constituantes ne
sont autre chose que des débris d'algues marines, avec lesquelles
l'oiseau construirait son nid; la substance visqueuse qui emplit
les cellules de la plupart de ces végétaux se serait solidifiée à
l'air et assurerait la cohésion des éléments solides et plus ou
moins volumineux que l'oiseau recueille.

D'après une seconde théorie, ils seraient composés d'une sorte
de mucilage entourant le frai de quelques poissons qui, à certaines

époques, flotte en nappes immenses sur les mers de Chine. Cette explication ne saurait être vraie que pour les nids accrochés aux falaises ou aux parois des grottes marines ; or, on trouve des Salanganes dans des régions montagneuses sises loin de la mer.

Enfin, en troisième lieu, on prétend que le nid est entièrement constitué par une sécrétion fournie par l'oiseau lui-même, ou par le produit de glandes situées dans la bouche ou l'arrière-bouche, peut-être même dans le gosier.

Cette opinion paraît la plus vraisemblable, et nous nous associons aux conclusions de M. H. de Varigny, qui nous dit : « En somme, on peut considérer comme établi que le nid d'Hirondelle comestible est un produit de sécrétion animale. Il n'est guère aisé de dire positivement par quelles glandes le produit est sécrété, mais il y a lieu de croire que c'est plutôt par les glandes salivaires, et l'on peut conclure avec Darwin que la soupe aux nids d'Hirondelles n'est autre chose qu'une soupe à la salive desséchée. »

Avouez que ce n'est pas un mets très propre. Pourtant ceux qui l'ont goûté vantent son excellence et considèrent ce potage comme très réconfortant et nourrissant ; — son seul défaut est d'être fort coûteux.

Ce sont, du reste, les Chinois qui consomment presque en totalité les centaines de mille livres qui constituent la récolte annuelle des innombrables îles des mers de Chine, de Java à l'Annam et de Sumatra à la Nouvelle-Guinée.

Les Hollandais ont réglementé cette récolte et en tirent un grand profit : le commerce s'en chiffre par milliards, et un impôt établi sur l'exportation a produit plus de trois cent seize mille francs. La Salangane a dû se méfier de la gourmandise des habitants du Céleste Empire, car elle perche son nid à des hauteurs inaccessibles, où l'on ne peut accéder ni par terre ni par mer. Aussi le métier de chasseur de nids d'Hirondelles n'est pas une sinécure. Ceux qui s'y livrent périssent, du reste, presque tous par accident. Les falaises sont à pic, et les grottes un peu au-dessus de la mer s'enfoncent profondément dans le sol. Ce sont des retraites cherchées par les innombrables Salanganes, que n'effraye pas le vacarme des vagues qui s'y engouffrent.

Il y a deux manières d'y arriver.

Les Annamites enfoncent au flanc des rochers des piquets de bambou qui constituent les échelons fragiles et inégaux d'un escalier sur lequel ils gravissent des hauteurs invraisemblables.

Les Javanais se servent de simples échelles faites de lianes qu'ils amarrent aux arbres, au moyen desquelles ils descendent les falaises qui surplombent les grottes javanaises.

Pour rendre comestibles les nids d'Hirondelles, il faut les laver à grande eau et les mettre en décoction prolongée dans l'eau bouillante, afin de précipiter les matières étrangères. On les cuit ensuite au bain-marie et on les joint à une volaille quelconque, le pigeon surtout, paraît-il; ou bien on les accompagne de graines de nénuphar et on les mange au maigre au maïs.

Ce n'est pas compliqué. Libre à chacun d'en essayer.

CHAPITRE IV

DANS LES BUISSONS ET SUR LES ROCHERS

Les Alouettes. — La Bécasse. — Un oiseau calomnié. — Le Rouge-Gorge, un ami d'hiver.
— La Bergeronnette. — L'Étourneau et les nids artificiels. — Le Merle d'eau. — Les
Bisets. — Les aires des Rapaces. — La Linotte et les chats. — Le Bouvreuil et la fête des
oiseaux. — Le Rossignol et son chant. — Le nid du Troglodyte. — La Pie-Grièche et son
charnier. — La Cisticole. — Le nid de la Rousserolle turdoïde.

Un grand nombre d'oiseaux, quoique nichant sur le sol, ont eu l'idée de construire des nids, en forme de cuvettes plus ou moins profondes, afin d'empêcher leurs œufs de s'éparpiller. Au lieu d'établir leurs nids avec de la terre plus ou moins gâchée, comme les espèces que nous venons de citer, ils ont utilisé pour la confection de leur home familial les matériaux que leur fournissent les plantes et herbages d'alentour.

Parmi les oiseaux d'Europe qui ont adopté ce mode de nidification, nous trouvons la grande tribu des Alouettes.

Le nid est peu intéressant : ce n'est qu'une simple excavation creusée conjointement par le couple et tapissée par des brins d'herbes, des tiges sèches et des racines. L'Alouette calandre (*Alauda calandra*) fait de même, mais le nid est mieux caché; car, au lieu de l'établir en plein champ, elle a le soin de le dissimuler sous une motte de terre ou un petit buisson.

6

On ne peut en vouloir à l'Alouette du manque d'art dont elle fait preuve dans sa construction, car elle est la joie du sillon; c'est le premier oiseau qui annonce le printemps, et elle l'annonce par un hymne qui égale le ramage du Rossignol, chantre des nuits obscures et de l'harmonie solitaire. C'est l'humble Alouette des champs qui chante le plus haut sous les cieux la gloire du soleil, dominée par l'amour du lustre éclatant d'où rayonnent la

Fig. 25. — Alouette.

lumière, la chaleur et la vie; peu d'oiseaux sont capables de lutter avec elle pour la richesse et la variété du chant, la tenue et la portée du son, la souplesse et l'infatigabilité des cordes vocales. Elle peut, s'élevant verticalement dans les airs jusqu'à des hauteurs de mille mètres, chanter une heure d'affilée sans s'interrompre une demi-seconde et sans qu'une de ses notes se perde dans ce trajet. Que les autres oiseaux essayent d'en faire autant.

> La gentille Alouette, avec son tire-lire,
> Tire-lire, relire et tirelant, tire

FIG. 26. — Alouette chantant.

Vers la route du ciel ; puis son vol en ce lieu
Vire et semble nous dire : « Adieu, adieu, adieu, »

dit la chanson, heureux exemple d'harmonie imitative.

Aimons l'Alouette ; c'est une gloire nationale de la France : les Gaulois l'avaient choisie comme emblème, emblème de vigilance et de vive gaieté.

FIG. 27. — Pipi des prés.

Le Pipi des prés (*Anthus pratensis*) construit son nid entre des roseaux, des joncs, des herbes, et il le cache avec un tel soin qu'il est difficile de le découvrir ; les parois en sont formées de tiges sèches, de racines, de chaumes, entre lesquels se trouvent quelques mousses. La cavité en est profonde et tapissée d'herbes tendres et de crins de cheval. Les autres Pipis nichent d'une façon analogue.

*
* *

La Bécasse (*Scolopax rusticola*) recherche pour nicher un bois désert et tranquille, des lieux où des clairières alternent avec des taillis touffus; c'est derrière un buisson, une vieille souche, entre des racines, dans l'herbe ou la mousse, que la femelle tapisse grossièrement de mousses, d'herbes et de feuilles sèches une dépression déjà existante ou qu'elle creuse elle-même.

Le travail est fort simple, mais l'oiseau met toute son habileté à choisir ses matériaux, feuilles sèches principalement, de façon que le nid soit peu visible et ne tranche ni avec les objets du voisinage ni avec le corps de la couveuse elle-même.

Du reste, la dame au long bec possède un plumage sombre richement bigarré de plaques et de raies noires sur un fond roux, « la couleur type du gibier à plume, s'il en existe une », dit Toussenel.

Les variations que présente cette espèce sont d'ailleurs assez fréquentes; on rencontre des sujets qui sont entièrement blancs, ou roux, ou isabelles; d'autres offrent un mélange de ces diverses nuances.

Buffon raconte avec orgueil, dans une de ses lettres, qu'une bécasse blanche et une rousse ayant été tuées à la chasse du roi en 1755, Sa Majesté lui fit l'honneur de les lui envoyer par le comte d'Angevilliers : « M. de Buffon seul est digne de manger ces oiseaux, » avait dit le roi. Buffon remercia Louis XV, fit empailler les bécasses et les plaça dans la collection du cabinet d'histoire naturelle.

Le maître a, du reste, fort maltraité cet oiseau; c'est une de ses victimes. Il la calomnie, sans enquête préalable, sur la foi d'un préjugé populaire. C'est à lui surtout que la pauvre bête doit la réputation d'imbécillité qu'on lui a depuis si libéralement octroyée.

« La Bécasse, nous dit-il, est peut-être, de tous les gibiers de passage, celui dont les chasseurs font le plus grand cas, tant à cause de l'excellence de sa chair que de la facilité qu'ils trouvent à se saisir de ce bon oiseau stupide. »

Nous savons bien que sa tête étroite, emmanchée d'un long bec, éclairée par deux yeux noirs étonnés, donne à l'oiseau une physionomie un peu... naïve. Mais gardons-nous de juger bêtes et gens sur la mine. Demandez aux chasseurs si elle est si facile à tirer que le prétend M. de Buffon, et si elle fait preuve d'une grande bêtise lorsque, se décidant à partir, elle combine son vol avec une sagacité et un sang-froid merveilleux, profite de tous les buissons et de toutes les têtes d'arbres comme rempart contre le danger, dont elle se rend parfaitement compte.

Mais si on la calomnie durant son vivant, quelles louanges ne reçoit-elle point après sa mort sur notre table! Quelle influence peut-elle avoir, la bestiole disséquée, s'il faut en croire l'anecdote suivante, que racontait Gérard de Nerval!

Il s'agissait d'un traité avec une cour d'Allemagne, et les démarches étaient restées stériles jusqu'alors. Un matin, l'envoyé extraordinaire, désespéré, écrivait à son gouvernement et faisait l'aveu de son insuccès. Son déjeuner, dressé au coin du feu derrière un paravent, l'attendait depuis un moment.

Tout à coup, l'huissier introduisit le comte von G..., de la bonne volonté duquel dépendait le traité sollicité.

Pendant la conversation, le diplomate allemand paraissait en proie à une vague inquiétude; il flairait l'air et dilatait ses narines.

Enfin, prenant son parti :

« Vous allez déjeuner, monsieur le ministre, et je suis tombé à un mauvais moment.

— La première partie de votre phrase est exacte, j'allais déjeuner; quant à tomber à un mauvais moment, j'espère que vous ne le croyez pas, je suis toujours et en tout temps charmé de vous voir. Au surplus, je vais renvoyer mon déjeuner.

— Renvoyer une bécasse? Y pensez-vous? Car c'est bien une bécasse, n'est-ce pas, dont j'ai senti le parfum en entrant?

— En effet.

— Eh bien, une bécasse n'attend personne. Déjeunez sous mes yeux, ou je pars.

— Faites mieux, acceptez la moitié de mon modeste déjeuner.

— J'accepte de tout cœur, car je suis amateur. Oh! très... »

. . . .

A la dernière bouchée et au dernier verre de chambertin, le diplomate allemand repoussa assiette et verre et, regardant bien en face son collègue :

« Vous êtes donc bien persuadé, monsieur le ministre, que ce traité aura des avantages réciproques pour les deux nations?

— Sans doute. Vous savez que nous tenons plus à notre gloire qu'à notre intérêt.

— Soit, reprit l'Allemand, j'ai foi en votre parole; je vous donne la mienne que je ferai signer ce traité en sortant de table. »

A qui revenait le mérite de l'affaire : au diplomate, à son cuisinier ou à la bécasse?

*

La plupart des oiseaux, constatant que nicher à terre offrait une infinité de dangers, prirent l'habitude d'établir leurs nids dans les branches des arbres. Nous les suivrons depuis les buissons, les arbrisseaux, les haies, jusqu'à la cime des essences les plus élevées de nos forêts. Néanmoins quelques-uns, au lieu de s'installer sur les arbres, choisirent, pour y élever leur famille, les trous qu'offraient les vieux troncs ou les cavités des rochers, des murs. Nous laisserons de côté les oiseaux qui s'installent dans les trous naturels des arbres ou qui creusent l'aubier pour y établir leur demeure, — nous les avons étudiés dans un précédent volume; — nous passerons rapidement en revue ceux qui trouvent un utile abri pour leurs nids dans les fissures que peuvent leur offrir les rochers, ou dans les fentes et trous des murs.

Le Rouge-Gorge (*Rubicola familiaris*) niche un peu partout, à terre près d'une touffe d'herbes, dans les racines d'un vieil arbre, dans un creux de rocher, dans le trou d'un mur; il cherche avant tout une situation abritée; aussi a-t-on trouvé des nids dans les endroits les plus inconcevables : vieilles cafetières abandonnées dans une clairière, chapeau haut de forme jeté dans les alentours de la ferme, pots à fleurs renversés, etc. L'extérieur de ce nid est formé de ramilles, l'intérieur est tapissé de racines, de chaumes, de poils, de plumes. S'il n'est pas naturellement protégé par le haut, l'oiseau lui construit un toit et ménage une ouverture sur le côté.

Le charmant petit Rouge-Gorge est l'un des rares oiseaux qui nous tiennent compagnie pendant les longs mois où la nature s'endort et s'enveloppe d'un manteau de neige. Aux cris discordants des canards sauvages, des oies qui dessinent dans le ciel blême leurs triangles rapides, aux mugissements de la bise qui s'engouffre dans le chaume des cabanes et roule sa désolation parmi les futaies, un petit chant flûté, modulé à voix basse, nous rappelle la présence d'un ami, le minuscule Rouge-Gorge.

Certes, tous ceux qui habitaient le bois voisin pendant la belle saison ne sont point encore présents : les uns, plus frileux, ont jugé nécessaire de fuir nos frimas et de passer l'hiver en Égypte ou en Palestine, où pendant cette dure saison la vie est plus aisée, la nourriture plus abondante. Les autres se sont attachés à nos haies, à nos boqueteaux, le grand voyage les a effrayés; ils se sont contentés de se rapprocher de nos demeures, ils se sont installés dans la haie qui avoisine la ferme, et leur chant vient protester contre le deuil universel de la nature. Parfois même, lorsque l'avalanche des blancs flocons, descendant incessante, a nivelé les plaines, comblé les fossés et les routes, le petit oiseau s'enhardit encore et vient frapper de son bec aux vitres de l'habitation, demandant asile, telle la fée des contes d'autrefois.

Le Rouge-Gorge est l'ami de l'homme. Dans certaines contrées, des légendes le rendent sacré. En Irlande, la croyance populaire veut que, cet oiseau voltigeant près de la croix, lors du crucifiement, une goutte de sang du Christ soit tombée sur sa poitrine : elle y est restée comme témoignage de la fidélité du petit être...

Durant les veillées d'hiver, on raconte en Bretagne que le Rouge-Gorge essaya d'enlever les épines de la couronne du

Crucifié; il se blessa dans cette manifestation courageuse, d'où la tache de sang qui orne son poitrail. Les légendes qui courent sur ce petit oiseau sont, du reste, très nombreuses et variées; nous en rappellerons encore une.

Une nuit de Noël, une bande de Rouges-Gorges, sur le point de périr sous les affres de la bise glaciale, aperçurent une lumière qui scintillait dans l'obscurité. Quelques-uns d'entre eux, s'étant approchés, rapportèrent aux autres que la lumière se trouvait dans une étable. Dans une crèche gisait un enfant sans vête-

Fig. 28. — Rouge-Gorge.

ments, et auprès de lui sa mère; le père, les mains jointes, priait de son côté. Les Rouges-Gorges se consultèrent : leur vie était si courte, il valait autant périr de froid ce soir et sauver l'enfant. Ils se mirent immédiatement à l'œuvre, s'arrachèrent les plumes et recouvrirent l'enfant de ce chaud duvet. La mère parla alors : « Merci, petits oiseaux, dit-elle, merci, car vous êtes meilleurs que les êtres humains. Vous prenez compassion d'un pauvre enfant, et vous vous dépouillez de ce qui vous est le plus nécessaire. Vous ne vous en irez point sans être récompensés. Jamais, à partir de ce jour, vous ne souffrirez du froid, et, par les hivers les plus sévères, lorsque vos plumes ne suffiront plus à vous protéger, vous trouverez asile dans la chaumière du pauvre. »

Les oiseaux poussèrent un cri de surprise en se retrouvant

recouverts de leurs plumes comme auparavant, et, comprenant le miracle, ils chantèrent un hymne de remerciements et d'adoration, tandis que l'enfant se tournait vers eux et souriait.

Aussi, dans nos campagnes, le Rouge-Gorge, qu'on rencontre toujours dans la voie du pauvre travailleur, passe pour l'agent mystérieux et le porteur de messages des génies bienfaisants.

*
* *

Comme le Rouge-Gorge, la gracieuse Bergeronnette (*Motacilla alba*) cherche un abri pour établir son nid; elle l'établit partout où elle trouve un endroit propice : dans une crevasse de rocher, une fente d'un mur, un trou creusé dans la terre d'un talus, sous les racines d'un arbre, sur les chevrons d'un toit, dans un tas de fagots, dans le creux d'un tronc d'arbre. Elle ne craint point le voisinage des hommes ; au contraire, elle paraît souvent le rechercher, et pendant des années une paire venait régulièrement nicher sous les poutrelles de la véranda d'une maison que nous habitions. Le fond du nid est formé de racines, de brindilles, de tiges d'herbes, de feuilles sèches, de mousses, de petits morceaux de bois, de chanvre, de paille; la seconde couche est faite de chaumes plus délicats, de longues herbes, de radicelles; l'intérieur est tapissé de poils, de crins de cheval, de lin, de lichens, de laine et d'autres matériaux analogues.

Les Bergeronnettes sont parmi les oiseaux migrateurs qui reviennent les premiers; du reste, elles s'éloignent peu, et quelques couples passent la mauvaise saison dans nos contrées. Leur vêtement est terne et gris, à peine rehaussé par quelques mou-

Fig. 29. — Rouges-Gorges sous la neige.

chelures, lorsqu'elles nous quittent; elles nous reviennent méta-
morphosées, elles ont recouvert leur fine tête d'une élégante
toque de velours vert profond, et sur leur poitrine court un rayon

Fig. 30. — Bergeronnette.

d'or plus clair et plus scintillant que les chapes dorées des prê-
tres parmi les cierges de l'autel.

Les plaines humides attirent ces gentils oiseaux; ils se posent
sur le bord des ruisseaux aux eaux bleues, dont le cours harmonieux de l'eau rythme d'insaisissables choses; leurs pattes élevées leur permettent de s'avancer assez loin pour s'emparer des

typules et des moucherons qui dansent et font la ronde dans un rayon de soleil.

Elles suivent aussi le laboureur, et à petits pas pressés et prestes, leur longue queue se balançant sans cesse, elles parcourent derrière lui les sillons pour saisir sur la terre fraîchement remuée les petits insectes qui y sont à découvert.

Éminemment utile, la Bergeronnette mérite à tous titres notre protection. Néanmoins, à l'automne, le pipeur provençal, sans égard pour sa grâce et sa beauté, tâchera d'attirer dans ses mailles traîtresses le charmant oiselet que nous avons admiré dans l'herbe diaprée des prairies, se baignant dans la rosée du matin.

Brillat-Savarin n'a pas hésité à donner à cet oiseau la première place parmi le petit gibier à bec fin, et les Halles de Paris le réclament pour les plus fines fourchettes; car elles sont aussi grasses et dodues que des ortolans, les petites Bergeronnettes qu'expédient les chasseurs méridionaux.

« La chair, nous dit un gourmet, J. Bailly-Maître, a en effet un parfum unique, exquis, qui, joint à une légère amertume, béatifie toutes les puissances du goût. »

Malheureux petit oiseau, de mériter de telles louanges !

Parmi les oiseaux qui utilisent souvent les anfractuosités de rochers, les trous de murs, pour y placer leurs nids, nous devons signaler l'Étourneau (*Sturnus vulgaris*).

C'est un fort joli oiseau lorsqu'il a revêtu sa parure d'hiver : manteau de velours, miroir d'illusions aux reflets changeants; le

vert, le rouge, le pourpre, y étincellent tour à tour comme des
pierreries; sur chaque plume se détache une goutte d'or ou d'ar-
gent teintée de rose. Durant la mauvaise saison il parcourt nos
plaines, nos prairies, et ses bandes nombreuses, de leur vol tourbillonnant, strient le ciel bas et gris, telle une banderole d'étoffe
emportée par le vent. Le Dante, en des vers immortels, a signalé

Fig. 31. — Étourneau.

ces évolutions étranges, et le promeneur se demande parfois
pourquoi ces oiseaux s'amusent ainsi à « tourner en rond » :
occupation d'étourneau, et il n'insiste pas. Ce vol particulier est
le résultat d'une tactique savante, germée dans une cervelle qui,
pour être petite, ne manque point d'une certaine intelligence. La
vie est dure pour les oiseaux de proie durant l'hiver, les vivres
se font de plus en plus difficiles à trouver, et si ce n'étaient les
migrateurs, les aubaines seraient rares. L'Étourneau n'est qu'un
piètre gibier, mais la compagnie est nombreuse; si le festin n'est

point celui d'un gourmet, il pourra tout au moins être un repas de Gargantua. Les Rapaces se lancent sans hésiter sur la bande ; mais bientôt ils se trouvent déconcertés par les battements d'ailes et les cris de ces faibles adversaires, qu'un mouvement concentrique rapproche le plus possible les uns des autres. Les ennemis renoncent à pénétrer dans ces lignes compactes, que la peur resserre davantage. Parfois cependant un Faucon expérimenté parvient à détourner de la bande quelque maladroit, lui coupe la retraite du côté de la terre et le refoule dans les régions supérieures, où le pauvre oiseau, surpris par cette manœuvre inaccoutumée et affolé de terreur, devient bientôt la proie du ravisseur. Les oiseleurs, d'après M. Magaud d'Aubusson, font, de leur côté, des brèches beaucoup plus désastreuses dans ces nuées mouvantes d'Étourneaux, en lâchant à leur rencontre des individus de même espèce aux pattes desquels ils attachent des ficelles engluées. Complices inconscients de la ruse des hommes, ces nouveaux venus se faufilent dans la troupe et, tourbillonnant avec leurs confrères, en engluent un certain nombre qui tombent avec eux.

Le plomb du chasseur vient aussi décimer ces colonnes épaisses et profondes, si serrées quelquefois que presque tous les grains de la charge portent.

Ces massacres sont stupides, car l'Étourneau est un oiseau éminemment utile, dont la propagation devrait être encouragée ; il rend d'immenses services à l'agriculture en détruisant les insectes, les vers et les limaces. Lenz fournit à cet égard des renseignements précieux. Lorsque les premiers petits sont éclos, les parents leur apportent à manger, le matin, toutes les trois minutes ; le soir, toutes les cinq ; ce qui fait, le matin, pour sept heures, cent quarante limaces, sauterelles ou chenilles, et, le soir, quatre-vingt-quatre. Les deux parents mangent, eux, au moins dix limaces par heure, soit cent quarante en quatorze heures. Ainsi, en un jour, une famille d'Étourneaux détruit trois cent soixante-quatre insectes ou mollusques; lorsque les petits ont pris leur vol, la proportion augmente. Puis vient la seconde couvée, et, lorsque ceux-ci ont aussi pris leur volée, la famille se trouve au nombre de douze membres, dont chacun mange par heure cinq limaces.

« J'ai dans mon jardin, ajoute Lenz, quarante-deux nids artificiels pour les Étourneaux. Ils sont tous pleins, et, en admettant que chaque famille soit composée de douze oiseaux, ce son cinq cent quatre Étourneaux que je fais entrer chaque année en campagne et qui détruisent chaque jour cinquante-cinq mille deux cent quatre-vingts limaces. »

Puisse l'exemple de l'ingénieux Allemand être suivi par les personnes soucieuses des véritables intérêts de l'agriculture! Qu'elles protègent l'Étourneau, qu'elles le défendent contre les ardeurs des chasseurs novices ou inintelligents, qu'elles cherchent enfin, par tous les moyens possibles, à augmenter le nombre de ces utiles légions.

Les Étourneaux vivent en commun pendant la mauvaise saison seulement. Lorsque arrive le mois de mars, chaque oiseau cherche une compagne, et le couple se sépare du reste de la troupe. Les deux époux se mettent de suite à la recherche d'un lieu propice pour l'installation de leur nid, et ce n'est pas toujours sans combat que s'en achète la possession. Il déloge souvent d'autres oiseaux comme les Pics-Verts, les Huppes, les Rapaces nocturnes, de la cavité où ils s'étaient déjà installés. Ils adoptent très volontiers les nids artificiels que l'homme peut leur offrir, surtout lorsqu'ils consistent en des troncs d'arbres creux d'une longueur de cinquante centimètres au plus, fermés par deux planchettes aux deux extrémités et présentant non loin du couvercle une ouverture de cinq ou six centimètres de diamètre. Ils aiment aussi les petites caisses de mêmes dimensions, que l'on suspend à des arbres, à des perches ou au faîte des toits. Quant au nid lui-même, il est d'une structure informe. Le fond en est formé de paille et de brins d'herbes; l'intérieur en est tapissé de plumes d'oie, de poule et d'autres grands oiseaux. S'il ne trouve pas ces matériaux, l'Étourneau se contente de garnir l'intérieur de son nid avec de la paille, du foin, de la mousse ou des lichens.

*
* *

Le Cincle aquatique ou Merle d'eau (*Hydrobata Cinclus*) est intéressant non seulement par ses mœurs, mais aussi par la position qu'il adopte généralement pour construire son nid.

Le Merle d'eau, connu dans certaines contrées sous le nom d'*Aguassure,* est un oiseau aquatique par excellence; il entre dans l'eau en marchant, sans discontinuer, du bord sur le fond de la rivière, absolument comme s'il ne changeait pas d'élément. C'est à la poursuite des insectes ou des alevins que le Cincle descend ainsi dans l'eau et marche au fond, les ailes un peu écartées du corps, en remontant le plus souvent le fil de l'eau et restant submergé pendant une minute.

C'est un être doux, timide, ami des solitudes de la montagne et des torrents à eau claire et à fond graveleux. Il est très jaloux du domaine qu'il s'est attribué, et ne supporte pas qu'un de ses frères en dépasse les limites. Ce n'est qu'au moment de la nidification et de l'élevage des jeunes que l'on voit ensemble le mâle

Fig. 32. — Le Cincle aquatique ou Merle d'eau plongeant.

et la femelle; le reste de l'année, chaque oiseau vit solitaire. Le chant du mâle, quoique un peu faible, est fort agréable; ce sont

des notes ronflantes, ressemblant à certains sons de la Gorge-
Bleue et que suivent d'autres notes plus fortes, comme celles du
Traquet motteux. L'oiseau chante avec ardeur, surtout par les
belles matinées de printemps ; cependant le froid le plus intense
ne le rend pas muet. « C'est une charmante apparition, dit Schinz,
au mois de janvier, quand le froid est vif et pénétrant, quand
toute la nature paraît engourdie, que celle de cet oiseau, perché
sur un frêne, sur une pierre, sur un glaçon, lançant dans l'air
ses notes harmonieuses. » Mais le spectacle, ajoute Brehm, n'en
devient que plus attrayant quand on le voit se précipiter dans
l'eau glacée, s'y baigner, y plonger, y courir, comme si, pour
lui, l'hiver et ses rigueurs n'existaient point.

Tout captive dans le Cincle ; comme la Bergeronnette, hochant
continuellement sa queue, il court léger et rapide sur les pierres,
il descend dans l'eau jusqu'à la poitrine, jusqu'aux yeux, plus
profondément ; il court sous l'eau, sous la glace, remontant et
redescendant le courant comme s'il était encore sur le sol. Parfois, il se précipite dans le tourbillon le plus impétueux, dans la
cascade la plus rapide ; d'autres fois il nage à la surface, ses ailes
font l'office de rames, il vole sur ou sous l'eau, pourrait-on dire.
Il n'est donc point étonnant que le Cincle ait choisi pour protéger son nid l'élément avec lequel il est si familier ; aussi trouve-
t-on généralement le berceau familial établi sur une corniche
de rocher, derrière la cascade que fait un ruisseau en descendant de vallon en vallon ; d'autres fois c'est dans le creux d'une
berge, dans la cavité d'un vieux tronc à moitié immergé, parfois même dans les auges d'une roue de moulin, lorsqu'elle ne
fonctionne point pendant quelque temps ; en un mot, tous les
endroits devant lesquels il tombe une nappe d'eau. Il est là à
l'abri des chats, des martres, des belettes ; il doit, il est vrai,

traverser lui-même la cascade pour regagner son nid, mais il
la fend comme un éclair, si bien que son manteau imperméable
emporte à peine au logis quelques gouttelettes attachées à ses

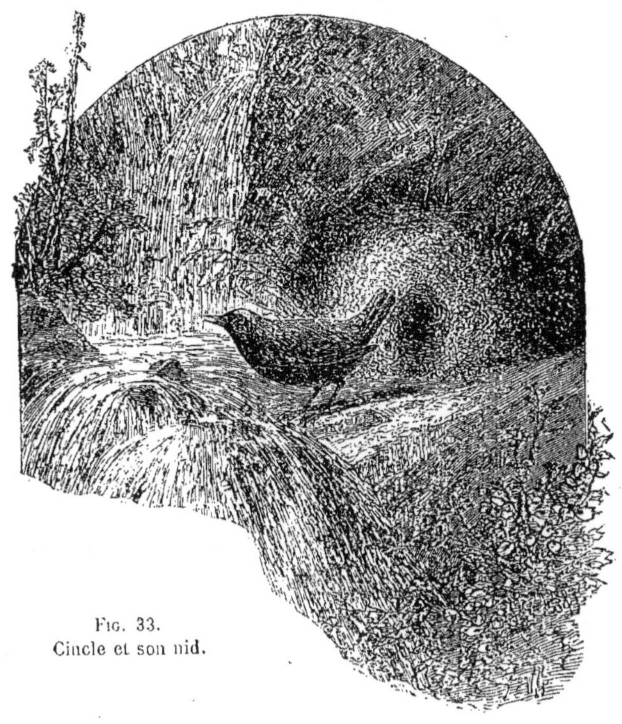

Fig. 33.
Cincle et son nid.

plumes ; l'eau qui tombe aux alentours pourrait être nuisible aux
jeunes qui n'ont point encore revêtu le chaud vêtement imperméable que leur réserve la nature; mais l'oiseau prévoyant a
pris ses précautions : son nid, en forme de boule, est soigneusement recouvert, aucune éclaboussure ne pourra atteindre les
frêles petits. Ce nid consiste en une masse volumineuse et pres-

que régulièrement sphérique, formée extérieurement de brins
de chaumes, de racines, d'herbes, de mousses; le tissu est assez
lâche, mais les parois sont épaisses; l'intérieur est tapissé de
feuilles d'arbres; l'ouverture pour y pénétrer est petite, mais
toujours disposée de façon à mettre l'intérieur à l'abri de l'eau.

* *

Parmi les oiseaux qui choisissent les rochers pour établir leurs
nids, nous pouvons signaler les Pigeons bisets (*Columba livia*).
Ils diffèrent des Palombes et autres Pigeons sauvages en ce qu'ils
s'établissent sur les rochers, les vieux murs, et jamais sur les
arbres.

Naumann nous donne les renseignements suivants sur les
frères sauvages des habitants de nos colombiers. « Au commencement du printemps, le mâle roucoule avec ardeur, se querelle
avec ses semblables, conquiert sa femelle souvent avec peine et
lui témoigne la plus vive tendresse. Une fois le couple uni, il ne
se sépare plus; les deux époux restent ensemble, même hors
de la période des amours. Les exceptions sont rares. Le mâle
cherche un endroit pour construire son nid; l'a-t-il trouvé, il
y demeure et crie la tête penchée vers le sol, jusqu'à ce que
la femelle arrive. Celle-ci accourt, la queue étalée et relevée;
ils se caressent mutuellement, puis s'élèvent dans les airs en
se jouant, en battant bruyamment des ailes; ils se reposent
ensuite et s'occupent silencieusement à lisser leur plumage. Ce
manège se répète plusieurs jours de suite; enfin le mâle, poussant sa femelle devant lui, jusqu'à l'endroit où doit être construit

le nid, va chercher des matériaux, les apporte dans son bec et les
remet à sa compagne, qui se charge de les coordonner. Le nid
est plat, légèrement excavé au milieu ; il consiste en un amas
grossier de branches sèches, de brindilles d'herbe, de paille, de
chaumes desséchés. Plusieurs jours se passent avant que la
femelle ponde. »

Fig. 34. — Pigeon biset.

L'amas de branches disposé sur une corniche de rocher par
le Biset nous amène tout naturellement aux aires des Rapaces.
Ces nids se ressemblent tous et sont construits sans grand art;
Coupin les a traités de fabricants de bourriches, et ce ne sont en
effet que bourriches mal faites, ces réunions assez informes

de branches dans lesquelles l'oiseau a réservé un creux pour y
déposer des œufs.

C'est au sommet des plus hauts rochers à pic que l'Aigle royal

Fig. 35. — Aigle.

(*Aquila fulva*) établit son nid. Il le construit sur une plate-forme
ou dans une crevasse inaccessible, en lui donnant pour base un
plancher composé de branches et de brindilles entrelacées et en
le recouvrant d'une épaisse couche de bruyères entremêlées de
matériaux mollets. La plate-forme choisie par l'oiseau n'est que
partiellement occupée par le nid; l'espace restant lui sert de

Fig. 36. — Vautours.

charnier ou de dépôt des proies qu'il a capturées et qui n'ont pas été consommées de suite par les jeunes ou les parents.

Le Vautour, le Pyrargue et le Faucon agissent de même et construisent des aires analogues, proportionnées à leur taille.

* *

Revenons aux haies et aux buissons que nous avions quittés pour nous élever, avec ces derniers oiseaux, aux hauteurs les plus inaccessibles.

Les nombreux membres de la famille des Bruants (*Emberiza*) nichent soit sur le sol lui-même, au pied d'une haie, soit sur les branches basses d'un buisson. Leur nid, bâti avec un certain art, est formé de foin, d'herbes sèches, de feuilles, et garni extérieurement de crin.

La Linotte (*Cannabina, Linota*) niche toujours très près du sol, dans les haies, les bosquets et la lisière des forêts. Le nid est formé en dehors de petites branches, de racines, d'herbes, de bruyères, et en dedans de tissus moelleux. Cet oiseau s'établit souvent dans les environs des maisons : le berceau de la famille est alors caché dans les lilas, les groseilliers ou autres petits arbustes du jardin ; malheureusement il se trouve dans ces situations exposé au plus grand ennemi de ces gentils oiseaux, le chat, qui délaisse les souris et les rats pour ce délicieux gibier et qui sait, du reste, attendre le moment où ses proies sont tout juste à point pour satisfaire sa gourmandise. C'est du moins l'opinion de M. d'Hamonville. « Depuis plusieurs années, nous dit-il, un couple de Linottes vient chaque année construire son nid sur

ma terrasse, à quelques pas de ma fenêtre, escomptant une protection qui ne lui a jamais fait défaut et lui a permis d'élever
sans encombre maintes et maintes couvées.

« En mai dernier (1889), mes Linots avaient choisi un lilas pour
y établir le berceau de leur future famille, et tout allait bien
pour eux, lorsqu'un jour j'entends des cris d'effroi auxquels je

Fig. 37. — Linotte.

ne pouvais me tromper, et en même temps je vis un affreux chat
gris s'enfuir dans une allée. Je cours au nid, je constate qu'il
est encore là avec cinq oisillons tout petits, mais qu'il a été visité
par le félin, dont les griffes avaient laissé leur empreinte toute
fraîche dans l'écorce du lilas. Pourquoi le braconnier n'avait-il
pas mangé les jeunes Linots? me demandai-je. En tous cas, je
surveillai mes protégés de plus près, afin qu'il ne leur arrivât pas
malheur. Tout alla bien pendant quelque temps; les oiseaux
grossissaient à vue d'œil, s'emplumaient, et j'espérais les voir

bientôt s'envoler, quand un matin j'entends de nouveau des cris
d'alarme. Je courus. Hélas ! il était trop tard. Je trouvai le nid

Fig. 38. — Linottes à l'abreuvoir.

déchiré, des plumes éparses, les pauvres petits enlevés et dévorés
en quelques instants par le chat, dont je trouvai les traces.

« Dès lors, je compris sa tactique : une première, une seconde fois, il avait trouvé les oisillons trop petits et avait su attendre que ses victimes fussent à point. J'étais furieux. Aussi, quelques jours plus tard, un piège bien tendu avait fait justice. »

* *

Le Bouvreuil (*Pyrrhula vulgaris*) est indigène dans une grande partie de la France ; il ne nous arrive point d'outre-mer avec un cachet d'exotisme qui augmente sa valeur ; pourtant la beauté de son plumage lui permet de lutter sans trop de désavantage avec les plus brillants spécimens de la faune tropicale.

Le rouge carmin de sa poitrine, le noir velouté de sa tête, le gris-perle de son dos, le blanc mat de son bas-ventre, en font un des plus beaux ornements de nos volières.

Son bec gros et court, un peu recourbé, ne dépare pas son visage ; son grand œil noir est bon et sympathique ; une jambe fine et des petits pieds de race complètent l'ensemble de ce volatile. Une teinte ardoise remplace chez la femelle le rouge qui orne la poitrine du mâle.

Au moral, le Bouvreuil possède des qualités qui méritent l'estime de l'éleveur : douceur de caractère, attachement pour son maître, égalité d'humeur envers ses compagnons de captivité, forts ou faibles. Même lorsqu'il est capturé déjà âgé, en peu de temps il devient d'une familiarité surprenante. Élevé jeune, on peut en faire un chanteur émérite. L'expérience montre que les jeunes oiseaux retiennent mieux et plus vite les airs quand ils ont mangé. Il faut environ neuf mois d'instruction régulière et suivie avant que l'écolier soit bien formé. Il y a tel de ces virtuoses capable de siffler séparément trois airs distincts sans les mêler ni les confondre.

C'est dans la Bavière et le Tyrol que des paysans patients s'occupent de l'éducation de ces oiseaux, qu'ils vendent du reste fort cher, après les avoir instruits. « Il y a une vingtaine d'années, nous raconte H. Berthoud dans son *Esprit des oiseaux*, durant un

Fig. 39. — Bouvreuils.

voyage que fit le baron de Rothschild au Tyrol et tandis que l'on relayait les chevaux de sa voiture, un jeune paysan lui offrit une cage de mince apparence ; aussi le voyageur repoussa-t-il de la main cet objet peu commode à emporter ; mais il ne tarda pas à changer d'avis quand il entendit le Bouvreuil chanter des airs d'opéra.

« Bientôt il ne fut plus question à Paris que des Bouvreuils musiciens. On les vit, on les entendit, on les admira et on voulut s'en procurer à n'importe quel prix. Aux approches du renouveau, ajoute le même écrivain, on les entend caqueter à mi-voix et chercher à se remettre en mémoire les airs oubliés pendant l'inaction de la mauvaise saison. Ils les répètent note par note, se reprenant chaque fois qu'ils se trompent, jusqu'à ce qu'ils reconquièrent leur répertoire en entier. »

Le Bouvreuil est indigène, avons-nous dit; on le rencontre toutefois plus spécialement dans le nord-ouest de la France; il est fort rare dans le Midi. Il n'aime pas l'aridité des plaines et ne fréquente que les contrées humides, les grands bois, les prairies arrosées.

Tous les ans à Quimperlé, dans un coin pittoresque et reculé du Finistère, a lieu, le lundi de la Pentecôte, la *fête des oiseaux*. Un Breton, le marquis de Brysay, nous donne quelques détails intéressants sur cette petite cérémonie, qui fait vivre les pauvres des environs et donne aux belles Lorientaises un plaisir recherché. Elle se tient en pleine forêt, sous les grands hêtres feuillus, au bord de la Clohars. Tout ce que la contrée possède de chasseurs à l'oiseau se rend là ce jour vers une heure, tenant des cages en main, au bout de longs bâtons, ou bien sur des hottes et jusque sur des voitures à bras.

Il y en a beaucoup, beaucoup. Les Lorientais arrivent à leur tour; ils vont par groupes, par familles; les femmes se font remarquer par leur costume coquet, leur corsage collant, leur petite coiffe blanche curieusement soulevée sur les oreilles et laissant échapper deux brides qui voltigent au vent; les hommes sont qui en paysan breton, qui en blouse, qui en veston; tout ce monde est gai, galant, sautillant.

Après la danse, après le dîner sur l'herbe et au milieu des barriques de cidre éventrées, le marché commence; le Bruant, le Pinson, le Serin, se vendent assez bien; on offre un Rossignol chanteur de l'année dernière, des Grives, des Merles à bec jaune ; mais le Bouvreuil est l'oiseau le plus recherché, et, quelque abondance qu'il s'en trouve, il y a toujours plus d'amateurs que de sujets à vendre ; aussi de cinquante centimes qu'on le paye au début, il ne tarde pas à monter à soixante-quinze centimes, à un franc, à vingt-deux, vingt-cinq, vingt-huit sous. Le soir, on retrouve les Lorientais, un peu fripés, retournant à la gare, tenant à la main leur petite cage où se carre le bel oiseau à plastron rouge qui sera le favori du logement urbain.

Malheureusement, si, en captivité, le Bouvreuil est un charmant compagnon ; en liberté, s'il rend quelques services en détruisant des chenilles et des insectes, il est fort nuisible par la quantité de bourgeons qu'il détruit. Les bourgeons sont pour lui un véritable régal ; comme un acrobate, il suit les branches des arbres fruitiers, et en un rien de temps annihile la récolte future.

Son nid est toujours placé à une faible hauteur, mais toujours aussi dans un endroit bien caché. Il est formé extérieurement de brindilles sèches de pins, de sapins et de bouleaux ; puis vient une couche de radicelles et de lichens ; la cavité intérieure est tapissée de poils de mammifères, ou simplement d'herbes et de mousses. Souvent on y trouve de la laine. En mai, le nid contient quatre ou cinq œufs ; petits, ronds, à coquille lisse, d'un vert clair ou d'un vert bleuâtre, avec des taches violet terne ou noir mat et des points, des lignes diversement contournées d'un rouge brun plus ou moins foncé.

C'est aussi dans les haies, dans les buissons, dans les fourrés d'arbustes, que naît le Rossignol (*Philomela luscinia*), barde de nos forêts et de nos jardins, roi incontesté des oiseaux chanteurs.

Les écrivains et les poètes ont décrit tout le charme des ravissantes mélodies qui se continuent pendant le silence des nuits. A la fin du dix-huitième siècle, un membre de l'Institut, Dupont de Nemours, se mit en tête d'apprendre la langue des Corbeaux et celle des Rossignols. Il parvint à déchiffrer jusqu'à vingt-cinq mots des Corbeaux. Ce travail lui coûta deux hivers et grand froid aux pieds et aux mains. L'étude de la langue du Rossignol fut moins pénible, et il put lire devant l'Institut la traduction en vers lyriques du chant amoureux du Rossignol :

CHANSON DU ROSSIGNOL PENDANT LA COUVAISON

Dors, dors, dors, dors, dors, ma douce amie,
Amie, amie,
Si belle et si chérie,
Dors en aimant,
Dors en couvant,
Ma belle amie,
Nos jolis enfants,
Nos jolis, jolis, jolis, jolis, jolis,
Si jolis, si jolis, si jolis
Petits enfants.

Un petit silence.

FIG. 40. — Le Rossignol.

Mon amie,
Ma belle amie,
A l'amour,
A l'amour ils devront la vie,
A tes soins ils doivent le jour.
Dors, dors, dors, dors, dors, ma douce amie,
Auprès de toi veille l'amour,
L'amour,
Auprès de toi veille l'amour.

Les musiciens comme Liszt, Schumann et Beethoven ont mieux réussi dans leurs essais de traduction des mélodies du Rossignol;

mais allez, par une nuit tiède et parfumée du mois de mai, dans quelque bosquet touffu où se plaît l'inimitable artiste, écoutez religieusement, et vous comprendrez que nulle musique ne peut mener à l'âme le même enchantement que le chant de l'oiseau lui-même.

Le mâle chante pour conquérir son épouse; par son talent il conquiert son cœur; ses cantates sont des luttes dont l'amour est le prix; silencieuse et modeste, la femelle écoute les deux artistes, lançant un furtif coup d'œil de l'un à l'autre; après plusieurs soirées d'épreuves, son choix est fait; mais souvent, avant de commencer le berceau, il faut soutenir des combats violents; les mâles célibataires font tous leurs efforts pour ravir aux autres leurs compagnes; ils les poursuivent avec fureur au milieu des branches, sur la cime des arbres, sur le sol, jusqu'à ce que l'un d'eux demeure maître du champ de bataille.

Le nid est presque entièrement l'œuvre de la femelle; il n'est point, il s'en faut, une œuvre d'art. Une couche de feuilles sèches, de préférence de feuilles de chêne, en compose le fond; les parois sont formées de chaumes desséchés, de tiges d'herbe et de feuilles de roseau; l'intérieur, assez profond, est tapissé de fines racines, de crins de cheval et du duvet de certaines plantes.

Le nid est toujours placé très bas.

Les œufs, au nombre de cinq ou de six, sont lisses, à coquille mince, d'un brun olive.

Dès que les œufs sont pondus, le mâle participe aux fatigues de l'incubation et relaye son épouse pendant quelques heures vers le milieu de la journée; il ne fait plus guère entendre sa voix que le jour. Il veille soigneusement son nid et force sa femelle à couver. Brehm rapporte que Baessier, ayant chassé un jour une mère couveuse de dessus ses œufs, le mâle aussitôt interrompit son chant, se précipita sur elle et, poussant des cris de colère, la frappant de son bec, la contraignit à venir au nid.

Les haies nous recèlent aussi les nids des Fauvettes, Verdiers, des Gros-Becs, etc.

Fig. 41. — Rossignol chantant auprès de sa femelle.

* *
*

·Le mignon Troglodyte (*Troglodytes parvulus*) construit dans les mêmes endroits son nid en forme de boule. Ce nid est toujours façonné avec grand art. « Figurez-vous, dit Theuriet, une boule creuse, tissée délicatement avec des brins de mousse et des toiles d'araignées, capitonnée à l'intérieur du duvet le plus chaud et le plus moelleux, duvet de choix, glané dans les chatons des peupliers, parmi les aigrettes mûres des chardons et les

semences cotonneuses des épilobes. Ce nid douillet, dans lequel
on ne pénétrait que par un trou étroit pratiqué sur l'un des côtés,
était l'œuvre du Troglodyte. »

Mais voici un buisson épineux aux épines duquel sont empa-
lés des insectes, de petits rongeurs, des mollusques, et même
de jeunes oiseaux; c'est le garde-manger de la Pie-Grièche écorcheuse (*Lanius collurio*).

« Lorsqu'il est rassasié, dit Naumann, cet oiseau amasse ainsi
des provisions, qu'il mange dès que la faim se fait sentir. Lorsque
le temps est beau, on trouve piqués de la sorte des insectes
coléoptères, des petites grenouilles; lorsqu'il fait froid, qu'il
pleut, qu'il vente, de jeunes oiseaux. J'ai vu des Fauvettes et des
Hirondelles, qui avaient déjà pris leur essor, embrochés de cette
façon. L'écorcheur paraît être très friand de la cervelle des
petits oiseaux. Presque tous ceux que j'ai trouvés dans cet état
avaient la cervelle enlevée. Lorsqu'on le trouble dans son repas,
il abandonne sa proie et la laisse pourrir. Il mange aussi de
petits rongeurs et des lézards. »

Non loin de son garde-manger, dans un buisson épineux également, nous sommes sûrs de trouver son nid, nid de forte taille,
à parois épaisses et solides, fort artistiquement tressé avec des
tiges d'herbes et revêtu de mousse et de lichens; l'intérieur est
tapissé de chaume et de petites racines. Il contient cinq ou six
œufs d'un jaunâtre plus ou moins clair, verdâtres ou rougeâtres, et
couverts de taches gris-cendré, brun-olive, rouges ou brun-roux.

Fig. 42 — Troglodyte et son nid.

Curieuse propriété, au printemps seulement, la Pie-Grièche écorcheuse, de sa voix aigre et discordante d'ordinaire, peut imiter les cris de tous les oiseaux des environs. Pourquoi? En tous cas, l'écorcheur est un oiseau dont il faut se méfier.

Fig. 43. — Pie-grièche.

* *

La Cisticole ordinaire (*Cisticola schœnicola*) est un charmant petit oiseau, commun dans le midi de l'Europe et en Algérie. Elle habite les grandes plaines et les terrains humides; elle établit son nid à mi-hauteur dans les hautes herbes ou les joncs, dont elle réunit les tiges en faisceau. Au-dessus de cette première ligature faite en toile d'araignée, la petite construction s'élargit pour prendre la forme ovoïde allongée, puis se resserre, pour ne laisser en haut qu'une ouverture suffisante pour le passage de l'oiseau, qui y descend la tête en bas. Tout ce petit édifice est un réseau solide et transparent bâti en fils d'araignée, soutenu tout autour par les tiges de graminées qui se croisent en s'élevant au-dessus de l'ouverture et le dissimulent très bien. La base intérieure est garnie de coton emprunté aux saules voisins et d'aigrettes défleuries.

C'est d'une façon à peu près analogue que la Rousserolle turdoïde (*Calamoherpe turdoïdes*), appelée vulgairement *grivenne*, établit son nid sur les roseaux qui avoisinent une rivière ou un marais. Elle en réunit cinq ou six, qu'elle rapproche et fixe au moyen d'herbes aquatiques, dont elle les enlace aussi très habilement. Continuant ce travail, comme un vannier qui tresse une corbeille, l'oiseau arrive, en se servant des roseaux comme *montants*, à former une carcasse en herbes tressées, de treize centimètres de hauteur. A l'intérieur, les engluant avec sa salive, elle colle contre cette paroi des herbes aplaties et des feuilles, qui forment une espèce de cartonnage. En dernier lieu, la Turdoïde bourre tous les interstices qui existent encore avec du coton qu'elle cherche sur les végétaux les plus rapprochés. C'est dans cette sorte de panier allongé qu'est posée la garniture intérieure, qui se compose d'herbes très fines et de panicules soyeuses des roseaux. Le nid terminé pèse de trente à quarante grammes. La

Fig. 44. — La Rousserolle.

femelle y dépose quatre ou cinq œufs bleuâtres ou d'un gris verdâtre, semés de points d'un brun-olive foncé, d'un gris cendré
et d'un gris ardoise.

Le nid de la Rousserolle est établi à trente ou trente-cinq
centimètres au-dessus du niveau de l'eau, mais toujours à une

Fig. 45. — Rousserole Turdoïde.

hauteur qui n'est pas atteinte par les crues. Des observateurs
consciencieux ont vu, dans certaines années, les Rousserolles
établir leur nid plus haut que de coutume; leur travail était terminé depuis longtemps quand des pluies sont venues, longues et
abondantes; le niveau de l'eau s'est élevé bien plus qu'à l'ordinaire; les nids sont restés au-dessus, tandis qu'à leur ancienne
place ils eussent été submergés. D'où vient cette prescience des
phénomènes météorologiques?

CHAPITRE V

SUR LES ARBRES

Le Moineau, utile ou nuisible? — Le nid du Chardonneret. — Le Pinson et les combats de chant. — Le Serin et le Canari; canaris chanteurs et canaris rouges. — Le Geai; son qsiuce. — La Pie et ses nids. — Pigeons Ramiers. — Le nid du Loriot. — La Mésange penduline et son nid. — Les Tisserins. — L'oiseau tailleur.

Le Moineau (*Passer domesticus*) est loin d'être un architecte habile, et la masse informe de paille et de foin qu'il établit sur un arbre n'est pas pour lui faire honneur. Il est vrai que l'oiseau adopte souvent d'autres positions et qu'il s'installe de préférence sous une tuile qu'a soulevée le vent, dans la cavité d'un vieux mur, dans un tronc creux. Il lui prend parfois la fantaisie de s'installer dans les hautes ramures d'un arbre, — pourquoi? est-ce sa façon d'aller à la campagne? — et sur les plus hautes branches. Avec tous les matériaux qu'il peut récolter, pailles, foin, chiffons, petites branches, poils, laine, morceaux de papier, il construit un nid en forme de boule muni d'une ouverture étroite percée sur un flanc. C'est volumineux à l'excès, quoique la cavité intérieure soit relativement petite, et l'épaisseur du dôme servira à protéger la famille de la pluie. C'est gauchement enchevêtré, mais c'est solide, et, quoique supporté par trois ou quatre petits rameaux, le nid peut résister aux plus violentes bourrasques. Dans l'intérieur, douillettement tapissé de plumes, la femelle dépose cinq ou six œufs à coquille mince, blanc bleuâtre ou blanc rouge et tachetés de brun ou de gris.

Lorsque le Moineau niche dans un endroit abrité, il ne prend point la peine de mettre un toit à son nid; il délaisse la forme boule et se contente de faire une volumineuse cuvette en paille ou en foin.

Nous n'ayons pas besoin de présenter le Moineau; tout le monde connaît le « Pierrot », vif, agile, familier, bon enfant, que nous coudoyons chaque jour. C'est un véritable gamin plein d'insouciance, c'est le plus effronté pique-assiette, s'invitant partout, dans la grange entr'ouverte, dans la basse-cour, accaparant des victuailles qui ne lui sont point destinées. Il est d'une indiscrétion, d'un sans-gêne sans pareil; il s'installe dans nos demeures et y règne en maître. Il devient parfois un hôte gênant dont on ne peut se débarrasser que fort difficilement.

Nous citerons à ce sujet le cas de l'église baptiste de Smith's Farm, près Rahway (New Jersey). Pour orner leur église, les paroissiens plantèrent du lierre le long des murailles; le monument en fut bientôt recouvert, et quelques Moineaux y nichèrent, et, n'étant point troublés, ils y pullulèrent en tel nombre que, manquant de place, ils pénétrèrent dans l'église, rendant impossible l'exercice du culte. Pour s'en débarrasser, le lierre fut arraché : les Moineaux pénétrèrent en maîtres dans l'intérieur. Pour les faire déguerpir, on essaya successivement contre eux le fusil, l'acide sulfurique : rien n'y fit; les Moineaux fuyaient, ne rentrant que lorsque le danger avait cessé. L'église leur fut abandonnée.

Le Moineau est pourtant d'introduction assez récente aux

États-Unis ; considéré d'abord comme un oiseau de luxe et payé fort cher, il a su conquérir sa liberté et s'y est multiplié d'une façon effrayante, témoin le fait que nous venons de rapporter.

Chez nous, il est heureusement moins gênant, moins envahis-

FIG. 46. — Moineaux des villes.

sant ; les Moineaux ne nous chassent point de nos demeures ; mais, par contre, ils prennent la place d'autres oiseaux plus utiles ; là où le nombre des Moineaux augmente, le nombre des oiseaux insectivores diminue proportionnellement, et M. de Berlepsh a pu établir d'une façon indiscutable que l'augmentation des divers oiseaux se fait remarquer au fur et à mesure que le nombre des Moineaux va en diminuant. Il est vrai que ces passereaux ne tendent pas souvent à diminuer ; leur fécondité est extrême, et, fins, rusés, méfiants, quoique familiers, ils ne donnent que difficilement dans les pièges qu'on leur tend.

Le Moineau, par lui-même, est-il vraiment utile? Tel est le problème que l'on se pose, car la question du Moineau existe, avec, des deux côtés, défenseurs et ennemis.

Cet oiseau est à la fois granivore et insectivore, surtout à l'époque où il nourrit ses petits.

Si l'on étudie l'estomac d'un de ces oisillons, on constatera qu'il contient des débris d'insectes. Dans un rapport adressé au Sénat en 1877, M. de la Sicotière rapporte que sur un balcon de la rue Vivienne, par conséquent au centre de Paris, on a pu constater quatorze cents élytres de hannetons rejetés du nid où deux couples de Moineaux s'étaient établis, soit sept cents hannetons détruits par un seul ménage. M. de Quatrefages a calculé qu'un couple de Moineaux n'emploie pas moins de quatre mille trois cents chenilles ou scarabées par semaine pour la nourriture de ses petits.

Nous pourrions citer une multitude de constatations pareilles. Dans les fermes où toute la surface des terrains est emblavée de céréales et couverte de prairies, où les fruits à cidre, les noix, les châtaignes, forment la récolte des arbres, le Moineau est un ami, un coadjuteur; car, quoique prélevant une dîme sur les céréales mûres, il détruit un grand nombre d'insectes nuisibles. Malheureusement, ces oiseaux s'abattent en bandes nombreuses — ils ont le pouvoir de se communiquer entre eux les endroits où se trouvent de pareilles aubaines — pour piller les champs ensemencés de millet, de colza, de chanvre.

C'est dans les jardins principalement que ces oiseaux sont nuisibles; ils détruisent les semis, ils dévorent les boutons des arbres à fruit au moment où ils sont le plus tendres. On assure

Fig. 47. — Moineaux des champs.

avoir vu un Moineau couper dix-neuf boutons de pêcher en moins
de deux minutes. Seuls d'entre tous les oiseaux, ils s'attaquent
aux tomates, malgré leur acidité. Les cerisiers, les framboisiers,
leur offrent des repas succulents dont ils ne se privent guère,
et devant ce régal ils délaissent les insectes.

De Cherville, qui, doutant de sa nocuité, pendant longtemps
rangea le Moineau parmi les oiseaux honnêtes, raconte comment
il fut appelé à le considérer comme un faux frère. « A l'époque
où j'étais sous le charme, dit-il, je rendis visite à un de mes
amis qui possède une façon de petit parc sur les hauteurs de
Montmartre. Le seul aspect de ce jardin bouleversa toutes mes
idées en fait d'ornementation horticole. Chaque fleur, à peu
près, était enveloppée d'un filet; devant celles qui ne l'étaient
pas, j'apercevais de minuscules traquenards; nouveaux filets sur
les espaliers, et, à chaque branche de chaque arbre, des bande-
roles de papier et assez de petits moulins en plumes pour faire
le bonheur de tous les poupons d'un arrondissement.

« Diable ! dis-je à mon ami, mais ce n'est pas un jardin, ça,
« c'est une exposition des industries maritimes et fluviales !

« — Après déjeuner, me répondit-il, vous serez le premier
« à reconnaître que mes dépenses ne sont pas un luxe. »

En même temps, il enlevait les filets qui couvraient deux très
beaux pieds d'œillets.

« En sortant de table, il me ramena dans le jardin et me conduisit sur le théâtre de l'expérience. Deux heures avaient suffi
pour que les deux pauvres plantes fussent absolument déplu-
mées; il n'en restait exactement que les grosses tiges et les racines. Alors il m'ouvrit son cœur, il épancha ses infortunes sur
le mien. Les moineaux étaient le fléau de ce grand et beau
jardin. Vainement il avait essayé de les détruire : grâce à l'état

de fourmillement dans lequel ils existent dans la capitale, de nouvelles légions de pillards succèdent toujours aux légions anéanties; pour un Pierrot qu'il donnait à son chat, les toits, les murailles du voisinage lui en rendaient trois! Non seulement ils coupaient, comme je l'avais vu, toutes les plantes en végétation, mais, à la sortie de l'hiver, quand le bourgeon fructifère commençait à poindre, ils n'en laissaient pas un sur les vignes et les arbres.

« Cependant, et, en dépit de tant de témoignages de la véracité de mon camarade, je tenais à mon siège.

« Je ne nie pas qu'ils ne vous causent quelques dégâts, lui dis-je, « mais vous avez votre compensation dans les insectes dont ils « vous délivrent. »

« Pour toute réponse, il me conduisit à un grand prunier, dont les feuilles des branches supérieures disparaissaient sous les chenilles dont elles étaient couvertes, puis il me jura que jamais il n'avait vu un Moineau y venir chercher son déjeuner. »

Il faut croire que les Moineaux des villes se montrent plus friands de verdure que ceux des champs.

Le vigneron a aussi lieu de se plaindre; ses vignobles, ses treilles, sont visités par ces audacieux pillards, et bien souvent les dégâts que l'on attribue aux guêpes et aux abeilles, incapables de déchirer l'enveloppe, sont la conséquence des premières becquées des Moineaux.

Ils sont nuisibles aussi dans les basses-cours, où ils dévorent le grain destiné aux volailles, auxquelles ils se mêlent sans crainte.

Faut-il proscrire le Moineau en bloc, comme aux États-Unis? On doit, avant de prendre pareille décision, se rappeler les belles paroles de M. de Lelys-Longchamp au congrès ornithologique : « Prenez garde, disait-il, d'anéantir une race d'êtres; vous irez

Fig. 48. — Épouvantail inutile.

à l'encontre des lois de la nature, lois que vous ne connaissez point. »

Il convient aussi de rappeler l'aventure très authentique de ce roi de Prusse qui, voulant mettre ses cerises à l'abri de leurs attaques, ordonna dans ses États la destruction complète de tous les Moineaux. Il fut peu après, au contraire, obligé d'aider à leur propagation, afin qu'à leur tour ils pussent protéger les cerises contre les insectes.

La question du Moineau est donc loin d'être résolue.

Le nid que nous pourrions considérer comme le nid type est construit par un petit Fringille de nos pays : le Chardonneret (*Carduelis elegans*).

Le costume pimpant de cet oiseau est en harmonie avec sa

Fig. 49. — Chardonneret.

voix mélodieuse et sonore. « Il est, dit le vieux naturaliste Belon, l'oysillon de la plus belle couleur que nul autre que nous ayons en France. » Le vieux dialecte armoricain lui avait décerné le titre de *Pape d'or*, et il en est digne. Le mâle, facile à reconnaître, est coiffé d'une tiare rouge, tandis que la femelle se distingue par l'or des plumes de ses ailes.

De mœurs aimables et douces, sans trop de sauvagerie comme sans familiarité, virtuose agréable, le Chardonneret est toujours le bienvenu.

Il est particulièrement intéressant à observer lorsque, à la fourche d'un arbre ou dans ses rameaux, il construit son nid, petit chef-d'œuvre d'élégance, merveille de finesse et d'habileté de tissage.

Un auteur anonyme décrit dans les *Lectures pour tous* ce gracieux tableau. « Paisiblement assis dans quelque allée ombreuse, nous pouvons observer à notre aise les laborieux ébats de nos jolis architectes, les voir voleter çà et là, joyeux, affairés, avec de gentils éclats de leurs voix claires, avec des mouvements drôles et câlins de leurs têtes veloutées au chaperon écarlate.

« Au Chardonneret mâle a été principalement dévolu l'office de manœuvre et de pourvoyeur. De temps à autre, il disparaît parmi les arbres, franchit les murs à tire-d'aile et se perd sur la route... Puis il revient apportant un brin de mousse, une branchette menue ou encore quelque matière précieuse dont la conquête témoigne de sa patience, de son habileté ou tout au moins de son juste discernement... Sans doute, il a suivi le chemin que prennent chaque jour les troupeaux, pour recueillir ces blancs flocons de laine... Sans doute il a épié le moment où la fermière allait poser sa quenouille, pour se rendre maître de ces fils de chanvre ou de lin; il a ramassé cette plume dans la basse-cour, il a découvert ces houppes soyeuses dans le verger autour des

Fig. 50. — Nid de Chardonneret.

graines des salsifis... Et, pour cacher aux indiscrets le secret du nid futur, il a fait mille détours, usé de mille ruses.

« La femelle l'accueille avec satisfaction, elle paraît lui expliquer des choses, puis il repart... Elle, elle se charge de construire, de mettre en œuvre tous ces matériaux... Il semble que la tâche soit écrasante. Comment la pauvre petite créature va-t-elle tirer parti de tant de choses informes, disparates, et cela avec les instruments imparfaits dont elle dispose, n'ayant, elle, ni la main de l'écureuil, ni la dent du castor? C'est un miracle que la maternité exige d'elle. Mais le miracle s'accomplit. De son joli bec blanc et effilé, la Chardonnerette enchevêtre les brindilles; lisse le crin et la mousse, relie fortement son ouvrage à la branche pour qu'il résiste au vent; de ses pieds, de son ventre, elle creuse le nid; de sa gorge, elle en polit les bords; elle presse, condense les matériaux; en se tournant et se retournant, en refoulant de tous côtés la paroi de l'édifice, elle arrive à donner au léger berceau une forme nettement circulaire. Puis, la charpente ainsi faite, elle le garnit d'un épais matelas. Aucune substance ne lui paraît assez chaude, assez moelleuse, pour doubler ce nid précieux. Alors, de son bec si adroit à toucher les choses fines, douces et molles, elle s'arrache des plumes; à la laine, au fil, à la soie apportés par son petit mari, elle mêle le duvet de son corps tout palpitant du sacrifice, donnant encore ainsi quelque chose d'elle, parachevant son œuvre avec un peu de souffrance.

« La plus mignonne, la plus joliment ouvrée des corbeilles s'arrondit maintenant entre les branches protectrices du buisson. Les fragiles œufs roses, puis les oiselets aussi fragiles que les œufs, y reposeront à leur abri; ils auront la chaleur nécessaire à leur éclosion, au développement normal de leurs forces naissantes. Et nous nous demandons vaguement si nous n'avons pas

rêvé, si ce chef-d'œuvre a bien été réalisé par les petites bêtes
ailées, aux cris effarouchés, aux mouvements puérils. »

Le Chardonneret déploie dans sa construction une ingéniosité d'architecte qui s'élève au-dessus de la routine instinctive; il
emploie d'ordinaire pour l'extérieur les mousses, les racines, les
brins d'herbes sèches; il tapisse l'intérieur d'un cloisonnage de
fils, de crins, de poils; puis il le matelasse avec tous les duvets
qu'il peut trouver, — mais il montre beaucoup de perspicacité
dans le choix qu'il fait, — sachant se plier aux diverses circonstances, à l'abondance ou à la rareté des matériaux, n'hésitant
pas à bouleverser cet aménagement, s'il découvre des matériaux
plus convenables que ceux qu'il a primitivement employés.

D'après Lescuyer, le poids total d'un nid de Chardonneret ne
dépasse pas sept cent trente-cinq centigrammes; le revêtement
extérieur, pailleté de mousse blanche, toiles et fils d'araignées,
serait de quarante-cinq centigrammes; le fond et les parois, composés de racines, herbes fines, mousse et duvet, pèseraient quatre
cent quarante centigrammes, et la garniture, crin, radicelles,
coton de diverses plantes, et surtout aigrettes de chardon, serait
de deux grammes et demi.

* *

Le nid du Pinson (*Fringilla cœlebs*), plus volumineux (le diamètre du nid de Chardonneret n'atteint que sept centimètres, tandis
que celui du Pinson dépasse souvent neuf centimètres), pèse dix-
neuf grammes soixante, dont un gramme quatre-vingt-cinq pour
le revêtement extérieur : paillettes de lichen et de mousse blan-

che, fils d'araignées; douze grammes soixante pour les parois et
le fond : mousse, radicelles et brins d'herbe; cinq grammes
quinze pour la garniture intérieure : écorce filamenteuse des
herbes, membranes de feuilles sèches, poils, plumes, laine, duvet
de plantes, crin.

Fig. 51. — Pinson.

Ce Fringille est encore un artiste en nidification; son nid figure
aux premiers rangs des chefs-d'œuvre de cette architecture. Il
a la forme d'une sphère tronquée aux parois épaisses; les matériaux sont reliés les uns aux autres par des toiles d'araignées ou
d'autres insectes, et le nid dans son ensemble simule à s'y méprendre le nœud de la branche sur lequel il repose.

Des luttes ardentes ont lieu entre oiseaux de même espèce

pour se procurer les matériaux nécessaires à la construction du nid, et lorsque l'un d'eux regagne le bosquet chargé de butin, de parcelles de lichens qu'il a arrachées à un vieux tronc, il n'est point rare de voir deux ou trois autres Pinsons se précipiter sur lui pour essayer de lui arracher les matières qu'il transporte. Le lichen n'est pourtant point rare, et il serait beaucoup plus simple pour ces oiseaux d'aller chercher, eux aussi, leur provision, plutôt que d'essayer de la dérober à un de leurs frères, en risquant un combat plus ou moins meurtrier. Il semble pourtant que la jalousie est un de leurs plus grands défauts, et c'est sous l'effet de ce sentiment qu'ils s'attaquent à l'oiseau qui a pu se procurer les matériaux désirés pour la construction du berceau familial. Par jalousie aussi, les Pinsons du voisinage répondent au mâle qui ne cesse de chanter tant que dure la construction du nid et tant que la femelle couve. Comme tous les oiseaux chanteurs, les Pinsons établissent d'abord entre eux une lutte de chant; mais ils s'échauffent bientôt mutuellement, et, ce tournoi pacifique ne leur convenant plus, ils se poursuivent avec fureur au milieu des branches, jusqu'à ce que, s'accrochant l'un à l'autre par le bec et les pattes, et s'empêchant ainsi mutuellement de voler, les deux adversaires tombent sur le sol en tourbillonnant. La musique donc n'engendre pas toujours des mœurs douces. La saison des amours est pour le Pinson l'époque des combats continuels.

La femelle pond cinq ou six œufs d'un bleu verdâtre clair, ondulés de brun-rouge pâle et ponctués de noir.

Le couple, après avoir élevé ces premiers enfants, recherche un nouvel endroit favorable pour y établir un nouveau nid; celui-ci est construit avec un peu moins de soins que le premier.

Le chant du Pinson est plein de fraîcheur; aussi dans le nord de la France est-il l'objet d'un élevage important en vue des concours de chant; dans ces concours, les vainqueurs reçoivent des prix assez importants, qui sont attribués non pas à l'oiseau dont le chant paraîtra le plus harmonieux, mais à celui qui l'aura le plus souvent répété dans un temps déterminé; cela s'appelle « poser des coups ».

Ce n'est plus un concours, c'est un combat de chant, et les *pinchonneux* (c'est ainsi que l'on appelle les éleveurs de Pinsons des Flandres) s'y passionnent tout autant que les *afficionados* aux courses de taureaux.

Le spectacle est moins cruel. Pourtant le sort réservé aux Pinsons destinés aux concours est d'être privés de la lumière du jour. Leurs maîtres les aveuglent en leur passant un fil de fer rougi entre les paupières, et cela, prétextent-ils, pour les guérir de la distraction du regard qui nuit à leurs études et pour les abstraire complètement du monde extérieur. Ils prétendent aussi que le Pinson ne consentirait jamais à se montrer et à chanter en public s'il apercevait le spectateur et les barreaux de sa cage.

* *

Un autre chanteur, le Serin méridional (*Fringilla serinus*), fait aussi preuve d'art en tressant un nid large à la base, étroit du haut et parfaitement arrondi. Il est formé à l'intérieur du duvet blanc de plantes cotonneuses, et à l'extérieur de chaumes desséchés. L'élément dominant est toujours le duvet, car cet oiseau recherche un lit absolument moelleux pour y déposer ses œufs.

Son proche parent le Serin des Canaries a le même amour

des nids mollets. C'est ce qui explique qu'en captivité, il aime tant les nids artificiels tapissés de ouate.

Du reste, tout est artificiel actuellement dans le Serin domestiqué, aussi bien son chant que sa couleur.

On a su profiter du très réel talent d'imitation du Canari pour lui donner une voix qui puisse rivaliser avec celle des plus délicats musiciens de nos futaies. Grâce à un système d'éducation tout particulier, le piailleur souvent fatigant est devenu un véritable artiste. Le voici qui chante dans sa cage, presque toujours recouverte d'un voile qui le plonge dans une demi-obscurité. Il commence sur un rythme lent et doux, puis passe sans interruption du pianissimo au piano, pour arriver aux notes les plus hautes sans offenser les oreilles les plus délicates. Ce sont des roulades entremêlées de longs sifflements et de trilles de Rossignols, des « Heulrolle » au son douloureux émis dans le ton mineur, des « Koller » comparables au murmure des eaux, des « Glüchroll » analogues au chant du Rossignol, mais avec des notes plus longuement filées encore, des « Knarolle » aux sons de crécerelle, des « Schirolle », des « Klingelrolle », que savons-nous encore ! car chacune de ces roulades a reçu un nom spécial.

Mais souvent l'artiste, au milieu des plus beaux effets de son concert, s'oublie et, par un gazouillis discordant, rappelle à ses auditeurs qu'il n'est qu'un Canari. C'est là un défaut grave ; l'oiseau qui le montre ne peut prendre place parmi les sujets de haute valeur, il doit rentrer dans le rang des modestes choristes dont le prix ne dépasse pas quelques francs. Aussi avec quels soins jaloux n'évite-t-on point tout ce qui peut faire naître cette tare ! Le jeune mâle, — car c'est le sexe fort qui a l'apanage exclusif de cette éducation spéciale, — quelques jours après sa naissance, est enlevé à ses parents et nourri à la brochette. En restant dans le nid commun, il apprendrait les intonations du père, les appels de la mère, les cris de ses frères qui demandent à manger. Il est placé avec d'autres jeunes en compagnie d'un maître éprouvé qui ne lui fera entendre qu'un chant artistique et correct.

La véritable éducation ne commence toutefois qu'après la mue; les sujets sont placés séparément dans de petites cages rangées sur des tablettes pareilles à celles d'un placard, qui font le tour de l'appartement. En plaçant devant le grillage une toile plus ou moins épaisse, on les habitue à une demi-obscurité. Plongés dans l'ombre, ils sont plus attentifs aux leçons du professeur, qui, placé sur le rayon supérieur, leur apprend ses plus belles roulades. Tous ne profitent pas également des leçons; l'étourderie, l'inattention de quelques-uns, ne peuvent être vaincues qu'en leur faisant sentir parfois les souffrances de la faim. Au bout de quelque temps, un éleveur expérimenté sait reconnaître la valeur des divers sujets; aux médiocres il réserve les tablettes inférieures, tandis que ceux qui promettent le plus viennent prendre place à côté du professeur.

Durant toute l'éducation, on doit éviter tout bruit, tout cri, tout dérangement qui pourrait entraver le progrès des élèves; ils ne doivent surtout entendre aucun chant autre que celui de leur professeur. Ce véritable cours de chant se continue jusqu'en novembre pour les oiseaux de grande valeur; il dure moins longtemps pour ceux que l'on destine à l'exportation.

L'élevage et l'éducation des Serins chanteurs se pratiquent dans tout le sud du Hartz, ainsi qu'au Tyrol et en Hesse, mais plus spécialement dans la petite ville d'Andreasberg, dans le Hartz, où les anciennes traditions, transmises de père en fils, transforment en trilles et en roulades savantes le chant primitif du Canari. Tous les habitants, des mineurs la plupart, s'occupent

plus ou moins de cet élevage, comme d'une industrie accessoire.
Ces Serins sont du type commun, un peu raides et dodus, sans
caractères spéciaux.

Le Hartz élève chaque année deux cent cinquante mille Serins
environ, dont deux cent mille vont en Amérique, vingt-sept mille
en Angleterre, dix mille en Russie et trois mille dans les autres
pays d'Europe ; dix mille « Höhroller », les maîtres de chant, restent en Allemagne.

Le Serin primitif était d'un vert jaunâtre ; on l'a transformé
en un oiseau d'un beau jaune d'or. On a aussi modifié sa forme :
on lui a donné une crête plus ou moins volumineuse, un jabot,
des frisures, etc. ; par des croisements avec des sujets plus ou
moins déformés, on a obtenu et l'on conserve par une sélection
constante des types plus ou moins allongés ou bossus, offrant un
aspect qui contraste avec les formes harmonieuses du Serin
primitif. Ce n'est pas tout, on a songé à changer encore la couleur de l'oiseau.

En Angleterre, en effet, la valeur augmente à mesure qu'ils
prennent une teinte plus ou moins rougeâtre. Les sujets de grand
mérite sont orange, couleur de cannelle. Quoique le plumage du
Canari soit apte à de certaines modifications, puisque du vert-
jaune qu'il était à l'état sauvage il est devenu franchement jaune,
il est absolument impossible d'obtenir naturellement les colora-
tions recherchées par les Anglais.

Il est évident qu'on ne saurait teindre les oiseaux pour arriver
à ce résultat, quoique ce procédé soit quelquefois employé par
des truqueurs ; on a obtenu le but proposé en nourrissant les
Canaris avec des substances qui influent sur la couleur du plumage.

Ces substances sont nombreuses, et on a le choix entre la

racine d'orcanette, le clou de girofle, le cachou, l'écorce de quinquina, le bois de campêche, etc., etc. Mais les résultats les plus prompts sont obtenus avec le poivre de Cayenne.

Chaque éleveur a, du reste, sa formule, qu'il tient secrète. Tous les sujets ne prennent pas la couleur désirée aussi bien les uns que les autres; du reste, la grande difficulté consiste à régler les distributions de la nourriture spéciale suivant le tempérament de l'oiseau et la nuance désirée, tout en ne portant pas atteinte à la santé des sujets. La couleur type est fort malaisée à obtenir : le plumage ne doit pas être trop foncé ni trop clair; il doit offrir des reflets profonds, presque métalliques. Il faut à l'éleveur une grande pratique ainsi qu'une véritable habileté, des soins constants et minutieux, qui expliquent les hauts prix que payent ceux qui préfèrent les Canaris rougeâtres aux jaunes. Ajoutons aussi qu'il se tient en Angleterre chaque année de nombreux concours ou expositions de Serins, distribuant des récompenses pécuniaires fort élevées, et qu'un beau sujet est d'un véritable revenu pour son propriétaire. Ces prix élevés ne sont pas pour notre Serin français : ce dernier est modeste et comme livrée et comme chant; mais s'il n'a pas la gloire des hautes récompenses dans les expositions, vif, pétillant comme le champagne, il vit sans contrainte, sans nourriture savante, et reste l'ami des petites demeures, qu'il égaye, sans aucune pensée de lucre chez son propriétaire.

*
* *

Durant l'hiver, les Moineaux, les Rouges-Gorges, les Roitelets et les Mésanges sont les seuls oiseaux qui apportent un peu de vie dans les haies, dans les vergers, dans les jardins.

Alertes et sans cesse remuantes, volligeant d'un massif à l'autre, sautillant sur les branches, inspectant tous les arbrisseaux, les Mésanges (*Parus*) égayent le jardin abandonné. Les rosiers, tout particulièrement, attirent leur attention : elles savent que, dans les replis de leur écorce, elles trouveront des chrysalides et des pucerons. Regardez avec quelle ardeur elles se mettent à leur recherche, retournant une feuille, grimpant le long du tronc, se suspendant la tête en bas en gymnasiarques consommées, afin de pouvoir mieux fouiller les plus petites fentes. Vous pouvez vous approcher de ces jolis oiseaux, ils n'ont pas une trop grande crainte de l'homme, ils savent qu'ils lui rendent de grands services; ils sont parfois fort familiers.

Toussenel rapporte qu'un propriétaire d'Angers, se promenant un matin dans les allées de son parterre, remarqua une Mésange charbonnière qui, du haut d'un poirier, semblait l'appeler à son aide et qui, au lieu de fuir à son approche, descendit de branche en branche jusqu'à la portée de sa main. Il prit doucement l'oiseau et n'eut pas longtemps à chercher pour deviner la raison de cette conduite étrange : le pauvre suppliant avait le sommet de la tête envahi par un tiquet énorme qui le défigurait complètement; et c'était la douleur que lui causait la succion du hideux parasite qui l'avait porté à recourir à l'assistance de

l'homme, se disant qu'après tout si celui-là trahissait sa confiance, il ne mourrait pas deux fois. Heureusement qu'il avait
affaire à un noble ami des oiseaux, incapable d'une semblable
noirceur, qui lui rendit le service qu'il attendait de lui et ne le
lui fit pas payer en le retenant en cage. « Ce trait de magnani-
mité, ajoute Toussenel, honore l'homme presque autant que la
bête. »

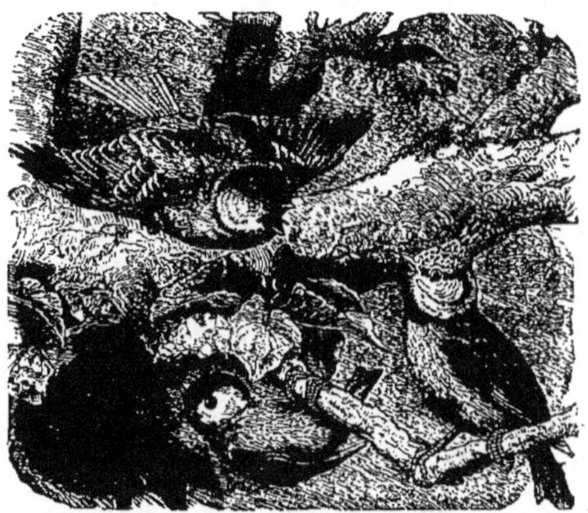

FIG. 52. — Mésanges diverses.

Si tout le monde se rendait compte de l'utilité de la Mésange,
ce charmant oiseau serait universellement respecté. Un naturaliste s'est complu à calculer le nombre d'insectes que détruisait
annuellement une famille de Mésanges : un de ces oiseaux
mange par jour, d'après les observations faites sur un sujet en
captivité, treize grammes d'œufs de lépidoptères, qui donneraient
naissance à plus de vingt mille papillons; ce qui ferait par an
six millions et demi ou une quantité correspondante en poids
de pucerons et de chenilles. Chaque couple élève en deux fois de
quatorze à seize petits, dont l'entretien n'exige que la moitié de

la ration de leurs parents. Il en résulte qu'une seule famille de Mésanges fait une consommation de vingt-quatre millions d'insectes.

Les Mésanges sont courageuses. Lorsqu'on s'approche de leurs nids, les femelles n'hésitent pas à défendre leurs œufs à coups de bec, en faisant entendre un sifflement particulier. On leur reproche leur humeur querelleuse et batailleuse, leur férocité; car elles ne dédaignent point la chair fraîche, qu'elles déchirent à coups d'ongle, comme la Pie et le Corbeau.

Mais cet oisillon perdu dans la forêt ne doit-il pas se défendre continuellement, lui et les siens, contre les attaques des maraudeurs comme l'Écureuil et l'Épervier? Si, poussé par la faim, il perce le crâne d'un oiseau malade, moribond, faut-il lui en faire un grand crime?

Pour la Mésange comme pour tous les êtres vivants se pose le grand problème du *struggle for life;* elle nous rend tant de services qu'il faut passer l'éponge sur ses défauts ou ses vices.

Le nid des Mésanges — il en existe une soixantaine d'espèces, dont une douzaine particulières à l'Europe — est toujours un petit chef-d'œuvre d'architecture. Il affecte parfois la forme d'une boule de mousse, fixée à l'enfourchement d'une branche ou dissimulée dans un trou d'arbre ou sous les tuiles d'une masure.

La Mésange à longue queue (*Parus caudatus*), comme son nom l'indique, se distingue de ses sœurs par la longueur de sa queue. Au lieu de rechercher les troncs d'arbres, elle construit à l'enfourchure d'une branche. Ce nid, qui, vu du sol, a l'aspect de celui du Pinson et est également recouvert extérieurement de lichens et de toiles d'araignée, forme en réalité une boule parfaitement fermée, avec deux entrées pratiquées l'une vis-à-vis de l'autre, ce qui permet à l'oiseau d'entrer et de sortir sans

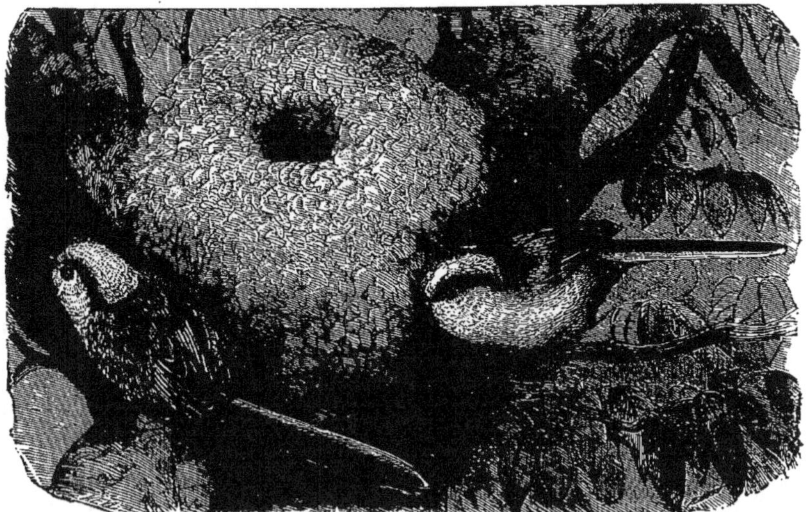

Fig. 53. — Mésange à longue queue.

froisser sa queue. Sa hauteur est d'environ vingt centimètres, et son diamètre transversal de onze. L'extérieur est formé de mousse retenue par une trame en toiles d'araignée et recouverte de lichens, de coques de chrysalides, d'écorce de bouleau ; et il faut remarquer que l'oiseau choisit toujours les mousses et les lichens sur l'arbre où il s'établit, et il dispose toujours ces matériaux de façon à ce qu'ils aient le même aspect que celui qu'ils offrent sur l'écorce. Aussi est-il fort difficile de distinguer ce nid.

La ponte est de neuf à dix œufs fort petits, blancs avec des taches rouges.

* *

Lorsque avril libérateur envoie jusqu'aux arbres du jardin la première et féconde tiédeur de son haleine, lorsque des bourgeons gonflés de sève les feuilles se déplient, lorsque les aubépines embaument le long du chemin, partout dans le bois, dans la plaine, sur les coteaux, la nature secoue la torpeur de la saison hivernale. C'est la symphonie du printemps que siffle le Merle aux quatre coins du bosquet ; c'est le réveil universel que chante au-dessus des blés le chœur matinal des Alouettes ; ce sont les trilles des Chardonnerets, le gazouillis des Mésanges, l'appel sonore du Coucou, l'hymne du Rossignol, qui s'entremêlent dans cette aubade générale. Des cris discordants se font pourtant entendre : c'est maître Ricard, le Geai (*Garrulus glandárius*), qui veut aussi prendre part au concert et traverser le taillis en criant à tue-tête. Vifs, criards, importuns, les Geais se trouvent partout, dans les bois, sur les lisières, dans les vergers, et partout ils font du mal, pillant les fruits, détruisant les nids, pipant les œufs et massacrant les couvées des autres oiseaux ; ils ont tous les défauts ; néanmoins les forestiers reconnaissent qu'ils rendent quelques services comme semeurs de glands.

Le Geai est, en effet, un grand amateur des semences du chêne, et, lorsqu'il a cueilli un gland, il l'emporte au loin pour le manger ; et si, pour une raison quelconque, il est effrayé, il le lâche et s'enfuit. C'est la cause première de la multiplication des chênes dans certaines plantations de conifères. En outre, le Geai est prévoyant, et il en entasse des réserves considérables dans divers coins, creux d'arbres, trous ou anfractuosités de rochers. Avant tout, le Geai a le souci de sa pâture, doué qu'il est d'un robuste appétit, puis de sa tranquillité : c'est un épicurien qui aime à digérer et à dormir en paix. Qu'un bruit insolite se produise, qu'un animal circule furtivement dans le hallier où il a élu domicile, ce sont aussitôt des vociférations, de véritables cris... de Geai en colère.

A première vue, le Geai a l'allure d'un honnête oiseau qui ne veut de mal à personne; il a l'air rangé, inoffensif, ramassant simplement des fruits pour s'assurer des vivres pendant l'hiver, tel un bon rentier ou un employé qui fait des placements à la caisse des retraites.

Son plumage est modeste et de bon ton, relevé agréablement par sa huppe bleue hérissée et par les bords de ses ailes; rien de criard dans sa toilette; craintif, il fuit dès qu'on l'aperçoit.

C'est un faux bonhomme, un faussaire, un cambrioleur, un assassin possédant plus d'un tour dans son sac. Ventriloque émérite, il imite à s'y méprendre les cris de tous les animaux des bois; pour attirer hors de chez elles les couveuses sans méfiance, des mères de famille imprudentes, il contrefait le cri d'une Chouette en détresse, et, tandis que toute la gent emplumée accourt pour narguer l'oiseau des ténèbres, maître Ricard exécute un demi-tour habile et pille sans pitié dans les nids sans défense les œufs et les nouveau-nés des malheureux oiseaux qu'il vient d'attirer au dehors.

La ruse est son propre, car, malgré son air belliqueux, il est d'une couardise sans pareille et n'ose jamais attaquer de front.

Il compte sur son astuce pour se procurer une pitance choisie et, en évitant toute fatigue inutile, il est rarement pris à court.

Jacob, tel fut le nom que reçut un jeune Geai non encore em-

plumé. Une grande et belle cage logea l'hôte, qui fut élevé avec
de la viande crue. Sa grande voracité et sa digestion rapide
marchaient de pair, aussi en quelques semaines devint-il un
oiseau fort et bien développé. On lui donnait de la viande à
discrétion, et presque toujours il en restait quelques débris, sur
lesquels des mouches ne tardaient pas à venir se poser. Jacob
restait très tranquille à l'approche des insectes; il enfonçait sa
tête entre ses épaules, ses beaux yeux épiant les mouches d'un
regard joyeux et rusé, et parfois il réussissait à les saisir par
un mouvement brusque et rapide.

Lorsqu'il sut voler, on lui permit de se promener et de volti-
ger dans une petite cour. Un jour, on vit Jacob, un morceau de
viande dans le bec, entrer dans la maison, gravir en sautillant
l'escalier jusqu'au sixième étage, et puis voler sur le bord d'une
fenêtre, où il se posa en plein soleil. La présence de son maître
ne le troubla nullement; il continua à tenir son morceau de
viande bien fortement avec le bec; entre temps, il avait rentré
sa tête entre les épaules et fermé à demi les yeux. Enfin une
mouche arriva en bourdonnant et se posa sur la viande; elle fut
suivie d'une seconde, puis d'une troisième. Jusqu'alors le Geai
avait gardé une immobilité complète; mais lorsque les insectes
furent gravement occupés à déposer leurs œufs, d'un geste
rapide et adroit, il fit disparaître dans son gosier le morceau de
viande et toutes les mouches qui s'y étaient rassemblées. Le
déploiement de sa queue en éventail ne laissait aucun doute
sur la satisfaction qu'il éprouvait de ce régal. Bien trouvé,
n'est-ce pas?

Quoique paresseux de nature, le Geai apporte assez de soins à
la construction de son nid, qui est généralement situé dans un
arbre peu élevé, tantôt près du tronc, tantôt à l'extrémité d'une

branche horizontale. Ce nid offre une certaine ressemblance avec celui du Merle; il est pourtant plus volumineux. L'extérieur est d'ordinaire fait avec de petites branches, des racines sur lesquelles reposent des bruyères et des feuilles sèches. Souvent, comme le Merle, l'oiseau emploie de la terre gâchée pour consolider le tout. L'intérieur est tapissé de fines racines. Il renferme de cinq à sept œufs d'un blanc jaunâtre sale ou d'un blanc verdâtre, marqués de points gris-brun, disposés d'ordinaire en cercle vers le gros bout.

Le Geai installe parfois son nid dans les endroits les plus bizarres, témoin le fait suivant rapporté par une publication américaine. A Springfield (Ohio), depuis plusieurs semaines des lettres étaient volées dans une boîte aux lettres placée sur une des routes voisines de cette ville, et le directeur du bureau, ayant reçu plusieurs plaintes, interrogea le facteur chargé de cette tournée, qui lui répondit que ces vols étaient pour lui un mystère, et finalement, pour qu'on ne crût pas qu'il était l'auteur de ces détournements, demanda qu'une enquête fût faite à ce sujet.

La direction ordonna alors à un homme de surveiller les abords de la boîte, et il ne tarda pas à découvrir le voleur. Une femme venait, en effet, de laisser tomber une lettre dans cette boîte : un Geai en sortit tenant la lettre à son bec, et alla la porter à une centaine de mètres plus loin. L'homme se rendit à cet endroit et y trouva les autres lettres disparues, qu'il rapporta au bureau de poste. On eut alors la clef du mystère : le Geai avait commencé à faire son nid dans cette boîte, et, furieux d'être dérangé par les lettres qui lui tombaient sur le dos, se vengeait en les enlevant de la boîte et allant les porter ailleurs.

La Pie (*Pica caudata*) est, comme le Geai, un oiseau peu intéressant. On voit avec tristesse son accroissement continuel, et son odieux caquetage remplacer l'harmonieux gazouillement des Fauvettes ou les modulations des Rossignols, qui, au dire des poètes, rempliraient les vallées et les taillis de nos campagnes. Il est impossible de supputer, même approximativement, la quantité de gibier que peut détruire une Pie par an. Un à un, tous les membres d'une compagnie de Perdreaux périssent sous les coups du bec acéré de ces oiseaux; ils enlèvent pendant la ponte les œufs des nids de Faisans et de Perdrix, et s'ils découvrent un malheureux levraut encore incapable de fuir, s'ils surprennent un jeune et imprudent lapin un peu éloigné des bordures, c'est autant de perdu. Les Pies ne respectent pas plus les élèves de nos basses-cours, et on les voit souvent perchées sur un arbre, attendant le moment où un poussin s'éloigne de sa mère pour l'occire d'un coup de bec.

On se ligue, dans certaines provinces, contre les Pies. Quelques essais de destruction, encouragés par des primes trop tôt supprimées, avaient donné d'heureux résultats. On attribuait aux destructeurs des Pies quelques centimes par oiseau tué. Il est vrai que des fraudes nombreuses se produisaient; ainsi, dans un village que nous habitions, les chasseurs se présentaient au secrétaire de la mairie et lui remettaient les têtes de Pies en échange du montant de la prime : elles étaient soigneusement ramassées par des acolytes et représentées à nouveau le lendemain. Cette pratique se renouvelait tant que l'état de conservation des têtes le permettait.

La destruction des Pies n'est pas, du reste, chose aisée, car elles sont rusées et méfiantes; comme les Corbeaux, elles se laissent parfaitement approcher par le promeneur inoffensif muni d'une canne, mais elles fuient au plus loin devant le chasseur armé;

Fig. 54. — Pie d'Europe.

elles sentent la poudre, dit-on; en tous cas, elles savent discerner un fusil d'un bâton.

C'est surtout au moment de la construction du nid que la Pie fait preuve de ruse et de défiance. Tout d'abord, chaque couple construit un, deux, trois et même quatre nids postiches. Pendant la journée et surtout lorsque les oiseaux s'aperçoivent qu'ils sont observés, ils y travaillent avec ardeur; et si quelqu'un par hasard vient les déranger, ils volent autour des arbres, s'agitent et font entendre des cris inquiets. Pure comédie. Tout en faisant ces démonstrations pour ces nids factices, ils avancent insensiblement la construction du vrai nid destiné à recevoir les œufs, et y travaillent dans le plus grand silence, en cachette, durant les premières heures du jour et à la tombée de la nuit. S'ils sont surpris dans cette occupation, ils prennent leur vol sans bruit et se remettent à travailler aux premiers nids afin de détourner l'attention.

Lorsque les jeunes sont éclos, c'est toujours avec une grande prudence, après mille détours, que la mère rejoint le berceau où reposent les nouveau-nés.

Le nid lui-même est fort intéressant par sa construction; c'est un véritable édifice en brindilles et petites bûches, ayant un diamètre d'une soixantaine de centimètres et recouvert d'une sorte de dessus en claire-voie également formé de bûchettes et d'épines.

Si nous décomposons le nid, nous voyons qu'en laissant de côté le dôme, il se forme de trois parties très distinctes : d'un revêtement extérieur fort épais composé de baguettes longues, résistantes et épineuses, d'un fond et de parois en terre gâchée, et en dernier d'une double garniture intérieure, la première en brindilles, l'autre en racines très fines.

Lescuyer donne les détails suivants sur les nids de Pie : « Des matériaux autres que des baguettes longues, résistantes et épineuses n'eussent pas permis aux Pies d'en bien établir et fixer les fondations, les accotements et la voûte; aussi ces oiseaux en avaient-ils cherché et employé qui étaient longues de quarante centimètres à un mètre. J'en ai même trouvé une pliée en deux qui avait un mètre trente centimètres de longueur et qui pesait trente grammes.

« On comprend que le transport et le maniement de fardeaux aussi embarrassants ne soient pas faciles. Il m'a été donné, l'an

Fig. 55. — Vol de ramiers.

dernier, d'apprécier ce genre de difficulté. M'étant caché sous
des arbres verts, j'ai vu deux Pies qui, étant parties d'un nid en
construction, y revinrent bientôt, le mâle avec une brindille de
quarante centimètres, et la femelle avec une baguette longue de
quatre-vingts centimètres. La femelle s'élevait difficilement, et sa
tête tournait sous le poids du gros bout de branche; mais son
époux, qui l'avait précédée et qui avait facilement placé sa brindille, se porta à son secours au moment de son arrivée. Chacun
prit un bout de cette pièce de charpente, qui, grâce à de communs
efforts, fut plantée à la place qui lui était destinée. Un instant
après, une autre pièce du même genre fut apportée et également
piquée dans les fondations, mais de manière à se croiser avec la
première. Comme la partie supérieure de cette dernière branche
restait trop droite, la femelle, qui semblait diriger les travaux,

11

s'élança dessus et se mit à sauter jusqu'à ce qu'elle lui eut fait atteindre l'inclinaison voulue. On comprend qu'avec de pareils oiseaux rien n'est négligé pour atteindre le succès de l'entreprise. »

A ces branches qui servent de fondations, les oiseaux entrelacent des brindilles plus fines, garnies de crochets et d'épines qui maintiendront la terre gâchée, qui forme une cuvette de quinze centimètres de diamètre; celle-ci, garnie d'abord de petites brindilles, puis de radicelles, recevra les œufs blanc sale tachetés et marbrés de brun.

Le dôme est composé de fortes branches garnies d'épines et solidement entre-croisées; il forme une solide fortification, qui garantit la femelle de toute attaque par le haut. Deux sorties latérales, calculées sur la grosseur du corps, permettent à l'oiseau d'entrer et sortir facilement, tout en empêchant les ennemis de forte taille, comme les Corbeaux, les Buses, de pénétrer à l'intérieur.

Le tout est si solidement établi qu'il faut se servir du couteau ou de la serpe pour détruire l'amoncellement de baguettes et pénétrer jusqu'aux œufs.

Une légende anglaise prétend que les divers oiseaux, émerveillés de pareil talent architectural, s'adressèrent à la Pie pour lui demander de leur dévoiler les secrets de son art. Celle-ci accéda volontiers et leur expliqua qu'il fallait d'abord mettre une branche de telle façon, puis disposer au-dessus une seconde en croix. « Ce n'est pas difficile, tout le monde est capable d'en faire autant, s'écria un Geai. — Puisque vous en savez autant que moi, s'écria la Pie, inutile de continuer mon explication. » Et la bête susceptible prit son vol. Les oiseaux ne purent ouïr la fin de la leçon; aussi ne sont-ils capables que de construire des moitiés de nid, n'ayant pas appris la façon de les recouvrir d'un dôme.

Les nids des Pies sont toujours établis sur des arbres élevés,
sur des peupliers, de vieux chênes de préférence.

Sur les arbres de haute taille nichent aussi les Pigeons

Fig. 56. — Buse.

ramiers (*Columba palumbus*). Le nid, fait sans art, est formé de
petites branches. Le mâle a la charge de pourvoir aux matériaux,
et explore dans ce but les arbres d'alentour. Lorsqu'il aperçoit
des bûchettes mortes attenant au tronc ou à une branche (il
n'emploie pas celles qui sont à terre), il s'y poste, en choisit une,
la saisit tantôt avec les pieds, quelquefois avec le bec, et s'applique à la détacher, soit en appuyant de tout le poids de son corps,

soit en agissant sur elle avec effort par des tractions réitérées. La femelle reçoit et dispose le tout avec soin, mais sans grand art. Elle est l'ouvrière, le mari est le simple manœuvre. La besogne n'en est pas moins faite en participation.

Également sur les grands arbres se trouvent les nids de divers rapaces, tels que les Buses, les Autours, nids formés de branches disposées les unes à côté des autres et grossièrement enchevêtrées pour former un tout peu élégant, mais volumineux, qui ne diffère point sensiblement des *aires* établies sur les rochers.

⁂

Jusqu'ici nous avons passé en revue des nids soutenus par leur base ; nous allons voir quelques nids entièrement suspendus.

Un type intermédiaire, attaché par ses bords supérieurs à la fourche d'une branche, nous est offert par le Loriot (*Oriolus galbula*), au splendide manteau d'or.

Ce grand amateur de cerises, qui arrive en mai, repart en août, ne passant que trois mois chez nous, a pourtant le temps de construire une merveille architecturale. En admirant ce chef-d'œuvre, on comprend l'enthousiasme de Toussenel. « Je ne sais, nous dit-il, de nid qui l'emporte sur celui du Loriot pour l'élégance de la forme, la richesse des matériaux, la délicatesse du travail, la solidité de la bâtisse. Le nid du Loriot est encore plus mignon peut-être et de moindre dimension relative que celui du Chardonneret. Il est tapissé au dehors, comme celui du Pinson, d'une couche du lichen argenté des arbres fruitiers qui lui donne l'air de faire corps avec la branche qui le supporte.

Mais la demeure du Loriot est bien plus habilement dissimulée
encore que celle du Pinson. Celle du Pinson est assise dans la

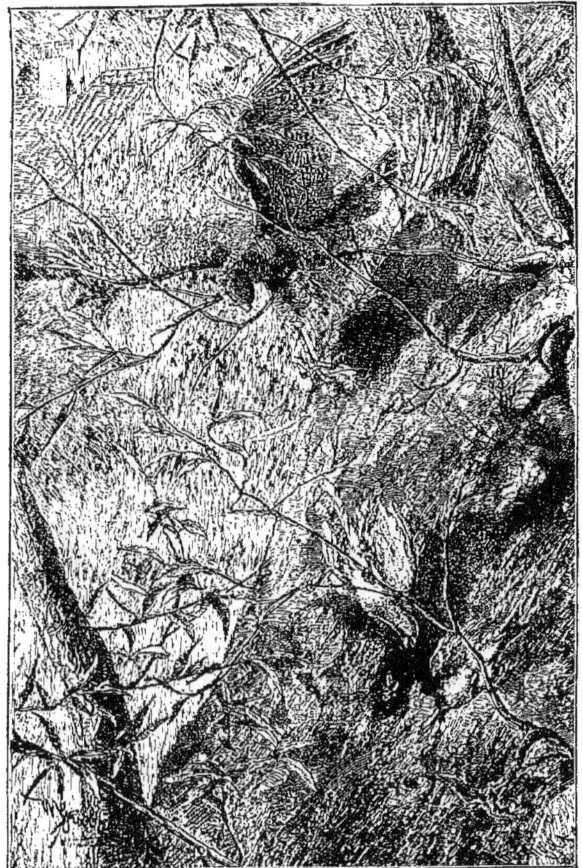

FIG. 57. — Buse en chasse.

branche, dont elle augmente le volume, et elle appelle les regards.
Le nid du Loriot, au contraire, est fixé par des attaches de liane

aux deux branches d'une fourche latérale, entre lesquelles il
flotte suspendu, et dont l'épaisseur masque une forte partie de
la muraille extérieure. Les matériaux employés à sa confection
sont, avec le lichen, la laine, la toile d'araignée, la plume, mais
le tout choisi de couleur blanchâtre, pour que rien de la masse

Fig. 58. — Loriot et son nid.

ne se détache en sombre du milieu feuillu qui la couvre et n'attire
le mauvais œil du pâtre, comme un nid de Merle ou de Roitelet.
D'autres fois, à défaut de fourchettes de pommier, le Loriot
choisit pour assises de sa demeure un épais bouquet de feuilles de
bouleau, de peuplier, voire de gui. Dans ce cas-là, le nid, solidement attaché par un système d'élégants cordages à quelques
brindilles d'en haut, à l'instar d'un aérostat, flotte dans le vide
de la verdure ambiante. Quand les attaches sont latérales, la

barcelonnette légère est un hamac mobile où la brise du printemps s'amuse à bercer les petits. »

En France, c'est une espèce de Mésange, la Rémiz penduline,
(*Œgithalus pendulinus*), qui nous offre l'exemple d'un nid entièrement fermé et suspendu à l'extrémité d'une branche. C'est, du
reste, par méfiance et pour la sûreté de ses œufs qu'elle adopte ce
mode de construction, en choisissant toujours une branche flexible penchant au-dessus de l'eau. Son nid est ainsi à l'abri de tous
les animaux qui, ne possédant pas d'ailes, ne peuvent l'atteindre.
Ce berceau, mollement balancé par la brise, est un véritable chef-
d'œuvre. Baldamus en a donné la description très exacte. « Pendant sept semaines, dit-il, j'ai pu observer cette espèce presque
tous les jours, alors qu'elle était occupée à construire son nid, et
j'ai eu dans mes mains plus de trente de ses nids. Cette observation est d'autant plus intéressante que l'oiseau est très confiant
et ne se gêne pas pour continuer son œuvre en présence même
de l'homme. J'ai pu ainsi suivre toute la marche de son travail,
voir le nid dans toutes les périodes de sa construction. Je n'ai
trouvé de nids que dans les marais et aux extrémités des branches des saules. Jamais je n'ai vu de nid placé immédiatement
au-dessus de la surface de l'eau, ni tellement avancé au milieu
des roseaux qu'il en fût complètement caché. Bien au contraire,
ces nids étaient tous en dehors des fourrés de roseaux, d'ordinaire vers leur lisière au-dessus de l'eau, et étaient à une hauteur de douze à quinze pieds du sol.

« Le mâle et la femelle déploient une grande ardeur à construire
leur nid, et cependant on a de la peine à comprendre comment
ils achèvent une œuvre pareille en moins de quinze jours. Tous
les individus ne sont pas aussi adroits les uns que les autres.
Cependant, les nids les plus grossièrement construits sont ceux
qui datent d'une époque de l'année déjà avancée, alors que l'oiseau a déjà vu plusieurs de ses nids détruits par les Pies. Dans
ces cas, la femelle pond dans un nid à peine fait à moitié, et elle
continue à y travailler jusqu'à ce qu'elle se mette à couver.

« La Rémiz penduline commence par faire choix d'un rameau
mince, pendant, présentant une ou plusieurs bifurcations à peu
de distance de son point d'origine ; elle l'entoure de laine, plus
rarement de poils de chèvre, de loup, de chien, de filaments
d'écorces. Entre les branches de la bifurcation, elle fixe les
parois latérales du nid, les tisse jusqu'à ce qu'elles dépassent
assez ces branches pour qu'elle puisse les rattacher par en bas
l'une à l'autre et former ainsi un plancher aplati. Ce nid, ainsi
ébauché, ressemble à un panier à bords plats ; c'est ce qu'on a
décrit jusqu'à présent comme le nid de plaisance du mâle. Les
parois extérieures sont ensuite solidifiées. L'oiseau se sert à cet
effet du duvet des peupliers ou des saules, qu'il agglutine au
moyen de sa salive et qu'il fixe avec des filaments d'écorce, de
la laine, des poils. Le nid présente alors la forme d'un panier
à fond arrondi. A ce moment, l'oiseau commence à construire
une petite ouverture latérale circulaire. Cette ouverture n'est
cependant pas la seule, le nid en a deux ; l'une est munie d'un
couloir d'un à trois pouces de long, l'autre reste ouverte. Une
des ouvertures est fermée plus tard ; j'ai vu cependant un nid
où cette ouverture n'avait pas été bouchée. Enfin, la Rémiz
penduline dépose au fond de son nid une couche d'environ un

pouce d'épaisseur de duvet végétal, et la construction est terminée. »

Le nid, lorsqu'il est achevé, représente une bourse de seize à

vingt-deux centimètres de haut et de onze à quatorze centimètres
de diamètre. Sur les côtés se trouve une ouverture ressemblant
assez au goulot d'une bouteille et placée tantôt horizontalement,
tantôt obliquement vers le bas.

* *

Bon nombre d'oiseaux exotiques, les Tisserins en particulier, suspendent leur nid à des branches flexibles comme la Mésange Rémiz et lui donnent une forme analogue.

Le nid du Tisserin baya (*Nelicurvius baya*) peut se comparer à un bas suspendu par son extrémité inférieure. Dans le talon élargi se trouve la cavité moelleusement tapissée où se trouvent les œufs, tandis que la jambe, dirigée vers le bas, forme un long couloir par lequel l'oiseau entre.

Cette forme peut varier, du reste, suivant les circonstances. Le nid est formé de tiges de diverses herbes et de nervures de feuilles de palmier; les deux époux y travaillent de concert. Dès que le seuil est construit, la femelle se retire à l'intérieur et tire à elle les tiges que lui passe le mâle, puis les fait ressortir un peu plus loin, après avoir enlacé un montant préalablement établi; l'époux renouvelle sa manœuvre, et le résultat de l'opération est un tissage parfaitement régulier. Les oiseaux, lorsque leur construction est près d'être achevée, y introduisent de l'argile. Certains naturalistes prétendent qu'ils l'emploient comme moyen de consolidation, tandis que d'autres, au contraire, assurent que la terre introduite sert à maintenir l'équilibre de l'édifice et d'en faire moins le jouet du vent.

Le Tisserin loriot (*Ploceus galbula*) commence par établir une charpente formée de longues tiges d'herbes et la suspend à l'extrémité d'un rameau long et flexible. On reconnaît déjà la forme du nid, mais il est encore entièrement à claire-voie. Il en épaissit alors les parois. Toutes les tiges sont tirées de haut en bas de manière à former un toit. Sur un côté, d'ordinaire vers le sud, est ménagée une petite ouverture arrondie. Le nid a, à ce moment, la forme d'un cône tronqué appendu à une demi-sphère. L'oiseau travaille alors à l'achèvement du couloir d'entrée. Ce couloir part de l'ouverture et descend le long de la paroi, à laquelle il est solidement attaché : c'est à son extrémité inférieure que se trouve l'entrée. Le Tisserin loriot termine l'intérieur en le tapissant de tiges d'herbes très fines.

Le Tisserin mahali (*Ploceus Mahali*) construit une gourde avec le goulot tourné en dehors.

Le Tisserin à tête d'or (*Ploceus galbula*) accroche au palétuvier son nid qui affecte la forme d'une cornue, la partie renflée formant le nid proprement dit. Parfois le nid présente deux ou trois renflements successifs qui lui donnent un aspect des plus singuliers.

Les Cassiques (*Cassicus*) construisent des nids en forme de bourses et suspendus en grand nombre comme les fruits à un même arbre.

* *
* *

Et d'autres encore adoptent des formes plus ou moins singulières; mais le plus curieux d'entre tous est certainement le nid de l'Oiseau tailleur (*Orthotomus longicaudus*).

Il vit dans l'Inde; il est entièrement jaune; son bec a tout à fait l'aspect d'une alène de cordonnier. Son nom lui vient de la manière dont il fait son nid.

Il choisit une grande feuille pendant tout à l'extrémité d'une branche, puis il y perce un certain nombre de trous le long du bord, au moyen de son bec singulier. Il prend alors de longues fibres de plantes qui forment un fil excellent, et très soigneuse-mement il coud ensemble les bords de la feuille, à la manière d'une bourse ou d'un sac, se servant de son bec comme d'une aiguille pour enfiler le filament dans la feuille. Après quoi, il fait un nœud à l'extrémité de chaque filament pour l'empêcher de glisser dans le trou. La partie terminale de la feuille qui touche à la tige est pliée et pressée de manière à former une coiffe sur l'ouverture du nid, afin de le protéger du soleil et de la pluie.

Mais voici qui est vraiment étrange : quand la feuille n'est pas assez grande pour faire le nid, cet ingénieux petit artisan prend une seconde feuille, y perce des trous appropriés et la coud à la première.

L'intérieur du nid est garni avec du coton et des herbes soyeu-ses, formant une jolie et confortable habitation.

CHAPITRE VI

VILLES ET VILLAGES D'OISEAUX

Les associations des Corneilles et des Freux, une « rookery ». — Le Héron et les héronnières.
Les Aigrettes. — Le socialisme chez les Manchots. — Les Républicains.

Les associations sont fréquentes chez les animaux de tout
ordre, et chez les oiseaux nous en trouvons de nombreux exemples.

Nous trouvons des associations temporaires dans lesquelles les
animaux se rassemblent pour se séparer aussitôt que le but est
atteint. Ainsi agissent la plupart des oiseaux migrateurs.

D'autres fois, l'association devient permanente, et les individus
qui la composent se prêtent un mutuel concours, se partageant
la garde et la protection de la société.

Et, comme le fait remarquer le docteur Girod, tandis que, dans
les associations indifférentes ou réciproques (temporaires toujours
chez les oiseaux), l'individu est la base indispensable de l'association, dans les associations permanentes, l'individu et la famille
jouent un rôle secondaire. Ce qui est nécessaire, c'est la persistance de la descendance du membre fondateur de l'association ;
il ne s'agit plus d'un individu pris en particulier, mais des

rameaux plus ou moins nombreux s'élevant de la souche commune.

Chez les Corneilles et les Freux, nous voyons une association permanente dont le rôle joué par les individus varie suivant les nécessités du moment, les uns devenant des sentinelles, les autres cherchant leur nourriture, s'en remettant pour leur sécurité à l'œil vigilant des premiers. Nous voyons ainsi intervenir une espèce de commandement que certains semblent exercer sur les autres, et, sans se laisser entraîner aux exagérations de quelques naturalistes, on est obligé de reconnaître qu'il y a parfois l'apparence d'une certaine oligarchie qui maintient la colonie, la dirige et en assure la persistance.

*
* *

Les Freux (*Corvus frugilegus*) nous intéressent particulièrement, non seulement par la sociabilité de leurs mœurs, mais aussi par la coutume qu'ils ont de se réunir pour nicher en un même endroit et de construire leurs nids sur le même arbre ou sur des arbres rapprochés, de façon à former une véritable colonie.

Les membres de pareilles associations se comptent par milliers, et, très fidèles à l'endroit qu'ils ont adopté, ils y reviennent faire leurs nids tous les ans. Ces « rookeries » — c'est ainsi que les Anglais désignent ces agglomérations de nids de Freux — sont assez fréquentes en France, dans le Centre et le Nord; principalement, on voit même de petites réunions de ces nids dans les

villes, à Paris, par exemple, à l'Élysée et dans plusieurs jardins
du faubourg Saint-Germain.

Dans les premiers jours, l'avant-garde fait son apparition au
point adopté : on dirait des éclaireurs en reconnaissance. Ils ne
se posent sur les arbres qu'avec beaucoup de méfiance et inspec-
tent soigneusement les environs, comme pour s'assurer qu'aucun
danger ne menace leur future résidence. Le gros de la bande
suit de très près, si bien qu'au bout d'une semaine plusieurs
milliers d'oiseaux ont pris possession de la place, non sans force
croassements depuis l'aube jusqu'à la nuit. Si rien ne les dérange,
ils se mettent de suite à l'ouvrage. Leur nid est très volumineux,
sa forme ovoïde, allongée, en sorte que par les grands vents il
peut prendre une position très inclinée sans que les petits ris-
quent de tomber. Il se compose de branches vertes que les Freux
vont casser adroitement à l'aide du bec et des pattes dans les
arbres à bois tendre et dont ils forment les parois du nid; l'intérieur est solidement maçonné de terre et tapissé d'herbes
sèches ou de gazon. Toute la colonie déploie une grande activité et travaille avec beaucoup d'ensemble à la construction des
nids, qui bientôt couvrent la cime des arbres. La même branche
en contient souvent trois ou quatre superposés et se touchant
presque ; on dirait une maison à plusieurs étages. « Lors de la

Fig. 60. — Corneilles, l'hiver.

construction des nids des Freux, dit Goldsmith, l'activité fébrile qui anime les architectes au début se calme vite; bientôt ils se fatiguent d'aller au loin chercher les matériaux, et trouvent qu'avec un peu d'adresse ils peuvent s'en procurer dans les environs. Dès lors, ils ne songent plus qu'à piller là où ils peuvent : voient-ils un nid sans défense, ils en retirent les meilleurs bouts de bois. Mais ces actes de piraterie ne restent jamais impunis. Plainte est-elle portée? En tout cas, le châtiment est infligé publiquement. J'ai vu, en pareille occasion, jusqu'à huit ou dix Freux tomber ensemble sur le nid du coupable et le détruire en un clin d'œil... Ainsi les membres d'une communauté ne sont pas sans en ressentir la sévère discipline. »

Conch est aussi du même avis : « Les malfaiteurs une fois découverts, le châtiment est en proportion de l'offense. La ruine de leur ouvrage leur apprend à construire avec des matériaux acquis honnêtement, et non dérobés à autrui, et leur fait comprendre que pour jouir des avantages de la vie sociale, il leur faut se conformer aux principes de la communauté dont ils font partie. »

Toutefois, cette idée de châtiment immédiat appliqué aux voleurs de la bande est mise en doute par plus d'un observateur. Écoutons M. de La Tour du Pin-Verclause : « Les Freux ont une singulière habitude : c'est de démolir une partie de leurs nids à mesure qu'ils les bâtissent. Ils se réunissent par groupes de trente à quarante et même davantage, envahissent le nid qui semble leur déplaire et le détruisent en quelques instants. Une portion des matériaux se trouve dispersée à tous les vents, le reste est utilisé dans d'autres nids. Ce manège se renouvelle constamment pendant plusieurs jours, puis peu à peu le calme renaît et tout rentre dans l'ordre. Doit-on attribuer cette manière d'agir des

Freux à un vulgaire instinct d'égoïsme qui les pousserait à se voler mutuellement leurs nids? C'est l'avis de plusieurs naturalistes. Je ne me permettrai pas de le réfuter, bien que mon opinion ne soit pas conforme à la leur. Il me semble qu'il est, en

Fig. 61. — Colonie de Corneilles.

effet, difficile d'admettre que des oiseaux aussi sociables deviennent spontanément voleurs, au moment où ils ont le plus besoin de s'entr'aider. De plus, j'ai remarqué avec une lunette d'approche que, parmi les nids attaqués, les uns paraissaient petits ou mal faits (peut-être l'œuvre de jeunes oiseaux inexpérimentés), d'autres étaient de vieux nids simplement réparés. Ces observations m'ont amené à croire que les Freux n'agissent pas en pillards, mais bien au contraire dans un intérêt commun, en supprimant ou en déplaçant celles de leurs demeures qui n'offrent pas de garanties suffisantes de sécurité. »

Il ne faudrait point croire pourtant que, dans une association comme celle des Freux, il n'y ait pas une idée de l'application d'une justice commune. Si le pillage des nids peut être mis en doute, il se commet dans la colonie des crimes qui nécessitent une répression; ces oiseaux sauraient, au besoin, se réunir en tribunaux, exprimer des sentences et procéder à des exécutions. « On remarque de temps à autre des rassemblements, dit le docteur Edmonson. Quand l'assemblée est au complet, il se fait un bruit général, et peu après la foule se jette sur quelques individus, les met à mort et se disperse. »

Sans nous arrêter aux détails de ces « cours d'assises », à l'air grave des juges, à l'abattement des accusés, à la loquacité des avocats et au silence des spectateurs, sur lesquels quelques auteurs se sont complu à s'arrêter longuement, ces constatations prouvent l'intervention des individus associés contre celui des leurs qui se rend coupable d'une atteinte à la propriété d'autrui. Les liens sympathiques dans ces associations sont de telle nature que la colère de tous se manifeste contre celui qui a porté préjudice à un membre de la colonie.

Mais si le Freux sait rendre la justice lui-même, agissons-nous de même envers lui? On le confond bien souvent avec la Corneille noire et on l'accuse des mêmes méfaits, que l'on exagère du reste.

Le Freux se distingue de la Corneille noire par son bec dénudé et plus gros. Il est très utile, fouillant la terre pour déterrer les larves et les vers blancs, qu'il dévore. M. de Selys-Longchamp a publié à ce sujet un intéressant mémoire en 1894. Cet oiseau

ne fait aucun mal au gibier; tout au plus peut-on lui reprocher de
becqueter quelques fruits. Mais ces quelques accès de gourmandise assez excusable ne doivent pas nous faire oublier les services considérables qu'il rend à l'agriculture.

Comme les Freux, les Hérons (*Ardea cinerea*) se réunissent
en bandes nombreuses sur les grands arbres; les localités choisies sont à peu près les mêmes, mais généralement non loin d'un
marais où ces oiseaux pourront trouver leur nourriture, et parfois Freux et Hérons se disputent avec acharnement la possession
de quelques arbres propices.

On se rappelle une sanglante bataille que Hérons et Freux se
livrèrent à Dallam Tower vers le commencement du siècle précédent et qui ne dura pas moins de trois jours. Les Hérons
avaient établi leurs nids depuis des années et des années dans
un boqueteau formé de vieux chênes. Le propriétaire fit abattre
ces arbres durant le printemps, au moment même où les oiseaux
au long bec et aux longues pattes s'apprêtaient à venir nicher.
Forcés de déménager, ils ne trouvèrent comme lieu propice
dans les environs que des arbres occupés par les Freux. Les
Hérons décidèrent de s'en emparer. L'histoire nous dit qu'il y eut
tout d'abord des pourparlers, et que les Hérons tâchèrent de
persuader aux Corvidés de laisser de bon gré la place; ils n'a-
vaient point besoin, pour supporter leurs nids de faibles dimensions, d'arbres aussi puissants; il se trouvait non loin de là de
petits baliveaux qui leur conviendraient certainement, mais qui

étaient incapables de supporter la lourde construction des échassiers. Les pourparlers, si vraiment ils eurent lieu, n'aboutirent point, et la guerre fut déclarée. Les Freux étaient beaucoup plus nombreux que les Hérons ; aussi résistèrent-ils avec acharnement. Le premier combat dura toute la journée, la nuit seule y mit un terme. Il y eut de nombreux tués dans les deux camps ; toutefois les becs, quoique puissants, des Corvidés étaient incapables de tuer de suite les Hérons, tandis que ceux-ci, avec leurs armes puissantes, transperçaient d'un seul coup les malheureux Freux qui se trouvaient à portée. Malgré tout, la victoire fut longtemps indécise, et ce ne fut que la quatrième matinée que les Freux se décidèrent à abandonner la place, où les Hérons s'installèrent de suite et construisirent leurs nids.

L'année suivante, les Freux, au retour de leur migration annuelle, essayèrent de s'installer à nouveau sur les arbres qu'ils avaient autrefois occupés ; mais les Hérons s'y opposèrent, et il y eut une nouvelle lutte, qui dura peu cette fois, et se termina par la déroute des Freux. Ceux-ci, tenant néanmoins à la localité, s'installèrent non loin dans des arbres de moindre taille, et de nos jours la héronnière, qui est encore fréquentée par une centaine de couples, se trouve toute proche d'une colonie de Freux ; les oiseaux vivent en bonne intelligence.

Les héronnières, ou « villages de Hérons », qui étaient autrefois très communes, deviennent, en France du moins, de plus en plus rares. Leur disparition est due en grande partie au dessèchement des marais et à la chasse que l'on fait aux Ardéidés, qui sont réellement nuisibles, dévorant une grande quantité de poissons.

La héronnière d'Écury est classique, et c'est peut-être la seule qui réunit annuellement un nombre important de couples. En effet, tous les ans, pendant la nuit d'un des premiers jours de février, les marais de Jaalons, en Champagne, voient arriver de différents points de l'horizon les oiseaux qui bientôt peupleront le parc du château d'Écury, appartenant aux comtes de Sainte-Suzanne. Le nombre des arrivants est toujours le même : quatre cents ou un peu plus de quatre cents.

C'est là un des faits les plus extraordinaires que nous offre l'histoire des bêtes. Comment tous ces oiseaux, disséminés partout, partent-ils des quatre points cardinaux pour se réunir à jour fixe à l'endroit où ils doivent élever leurs familles?

Il y a un mystère qu'il est difficile d'approfondir.

Tous ces Hérons restent dans les marais environnants jusqu'au moment où la température commence à s'attiédir.

Alors chaque couple, après les épousailles, revient au nid de la saison précédente ou se met à en construire un nouveau sur le même arbre ou dans le voisinage immédiat de ceux des membres de la colonie.

Le nid est large de soixante centimètres à un mètre; il est plat, grossièrement construit avec des branches sèches, des brindilles, des roseaux, des feuilles, de la paille; l'excavation est tapissée de crin et de plumes.

C'est quand les petits sont éclos que la héronnière devient réellement pittoresque. Les allées et venues continuelles des parents chargés de sustenter l'appétit des jeunes, les cris discordants qui saluent de tous côtés l'arrivée des pourvoyeurs, sont bien faits pour absorber l'attention de l'observateur.

On affirme que les Hérons vont chercher la nourriture de leurs petits à des distances extraordinaires : quatre-vingts ou cent kilomètres n'effrayeraient point ces excellents parents. Le fait est que les marais du voisinage de la héronnière doivent être promptement épuisés.

Songez donc, deux cents couples au moins de Hérons repro-
ducteurs : en comptant seulement une moyenne de deux ou trois
petits par couple, cela fait, au bas mot, une population de sept
à huit cents Hérons, et il est certain que les environs immédiats
ne peuvent suffire aux besoins d'une telle population; mais il est
difficile de préciser jusqu'à quelle distance les vieux Hérons vont
chercher la pâture de leur progéniture.

Du reste, que de choses encore inconnues dans la vie des héronnières! Quel est l'instinct qui porte ces oiseaux à se réunir à jour
fixe, dans la nuit du 5 au 6 février, et qui préside à leur départ,
qui a toujours lieu dans les premiers jours d'août? De même
qu'une seule nuit les voit tous arriver, de même une seule matinée les voit tous disparaître.

En Amérique, les héronnières sont beaucoup plus nombreuses
et plus peuplées qu'en Europe. Voici, d'après la *Nature*, la description faite par un chasseur d'un de ces villages de hérons :

« En juillet dernier, nous dit-il, me trouvant en vacances au
village iroquois d'Oka, sur l'Ottawa, je fus, un jour, attiré au
milieu d'un bois marécageux par d'étranges clameurs qui sor-
taient de ses profondeurs. Quelle ne fut pas ma surprise de trouver là une vaste colonie de Hérons, établie au sommet de frênes
gigantesques! Chaque arbre portait quatre ou cinq énormes nids,
d'où émergeaient déjà de longs cous. Je pus, dans mes différentes
expéditions, compter plus de cent vingt de ces énormes plates-
formes sur un espace de trois hectares.

« Tant en jeunes pris au nid qu'en adultes tués au vol, je fis
dans la saison soixante-treize victimes. Les jeunes Iroquois que
j'avais pris pour m'aider dans l'ascension des arbres ayant, dans
la suite, chassé pour leur compte, en détruisirent un nombre au
moins égal. Cependant à aucun moment la gent héronnière ne

Fig. 624. — Héron.

parut s'être éclaircie. Je dois dire que, sauf ses proportions, cette colonie de Hérons présentait le même spectacle que les héronnières françaises : mêmes vociférations, même agitation, seulement peut-être un peu moins de bravoure chez les parents. Mais mes Hérons n'étaient pas le Héron cendré de France : c'étaient de gigantesques *Ardea herodias,* dont la taille est presque double. Un de ces Hérons adulte n'est pas un ennemi à dédaigner lorsqu'il n'est que blessé. Les nids sont en proportion de la taille des oiseaux, et j'ai vu vingt fois mes jeunes Iroquois s'asseoir dessus pour secouer confortablement les branches où les jeunes s'étaient réfugiés. J'ai nourri cinq de ces Hérons pris au nid. Quatre d'entre eux étaient singulièrement pacifiques et dociles, un seul tranchait nettement par son caractère intraitable. Tout ce qui avait mouvement excitait sa fureur; il courait à l'ennemi, se perchait toujours haut et ne permettait à ses frères de manger qu'après s'être repu. Je signalerai un fait singulier : tous les jeunes pris au nid avaient la racine de la langue couverte d'une légion de petites sangsues grisâtres, fort semblables d'aspect au vulgaire asticot; j'étais obligé d'arracher ces parasites au moyen de pinces. C'étaient évidemment des parasites des poissons dont les Hérons se nourrissent et qui avaient campé là, car j'ai souvent remarqué les mêmes sangsues sur des poissons de toutes sortes.

« Faut-il donner raison à l'hécatombe que j'ai faite? ajoute l'auteur de cette lettre. Assurément, nul chasseur ne me blâmera d'avoir succombé à la tentation de descendre un aussi beau vol. »

Mais tous les gens sensés le blâmeront; ces tueries inutiles sont indignes d'un être humain. Si le Héron est nuisible dans nos contrées, où la population est très dense, quel mal peut-il faire dans les immenses marais canadiens?

Le Héron est parfois un oiseau intéressant, malgré ses défauts dont se plaint le pisciculteur. La *Revue scientifique* a rapporté l'histoire d'un Héron apprivoisé qui, après avoir donné l'exemple de toutes les vertus conjugales, eut le malheur de perdre sa femelle. Sa douleur fut immense. Il en demeura comme accablé et passa plusieurs semaines dans un état de prostration qui inspira aux siens les plus vives inquiétudes. Peu à peu, cependant, il parut sortir de son abattement, et, pour changer le cours de ses idées, il sentit la nécessité de se donner une occupation : il se constitua le berger du village. A lui seul, il ramenait le bétail à l'étable ; puis, comme ce soin ne suffisait à occuper que quelques heures de ses trop longues journées, il prit la haute direction du poulailler, surveillant la population de la basse-cour, apaisant les querelles, chassant les combattants qui troublaient la paix générale. Il savait aussi garder les chevaux attelés, se tenait près d'eux en faction, réprimant la moindre velléité de départ inopportun et, leur donnant du bec dans les naseaux, les obligeait à demeurer tranquilles. Un jour que deux jeunes veaux s'étaient échappés et avaient fui à plus de trois kilomètres de la ferme, il se mit résolument à leur poursuite et, ne parvenant pas à les ramener, il s'installa près d'eux et les garda jusqu'à ce qu'on vint les chercher. De pareils services, renouvelés tous les jours, lui concilièrent justement la confiance générale, et ce veuf tombé dans la police par désespoir d'amour fut bientôt estimé à l'égal du garde champêtre.

Les Aigrettes (*Ardea gazetta*), comme les Hérons, leurs très proches parents, se réunissent pour nicher en bandes nombreuses sur les grands arbres. Leur plumage entièrement blanc est remarquable par les longues plumes à côtes très minces, garnies de barbes fines et soyeuses, dont une touffe sort de chaque épaule et s'étend sur le dos et la queue. Ces belles plumes, qui servent à orner les coiffures des femmes, sont l'objet d'un commerce important. Leur valeur est toujours fort grande, cinq à six francs le gramme; il est vrai qu'elles sont très légères. Elles étaient déjà recherchées en France, dit Buffon, dès le temps de nos preux chevaliers, qui s'en faisaient des panaches.

C'est pendant que ces oiseaux sont occupés à nourrir leurs petits qui ne peuvent encore voler, que le chasseur fond sur eux. Le massacre se fait sans peine : les parents, ne cherchant pas à s'envoler, tombent par centaines, victimes de l'instinct qui les pousse à défendre leur progéniture. La boucherie terminée, le chasseur s'éloigne satisfait, chargé des plumes qu'il a arrachées aux malheureux oiseaux, et laissant derrière lui au pied des arbres des tas de corps ensanglantés. Les jeunes Aigrettes, mourant de faim, poussent pendant quelque temps des clameurs désespérées, puis tout se tait dans le silence de la mort.

Chaque aigrette piquée dans un chapeau représente une couvée morte de faim. N'est-elle pas payée trop cher?

Les massacres d'oiseaux qui se commettent de tous côtés afin de fournir des parures ont ému à juste titre les amis de la gent ailée; des ligues féminines se sont formées dans le but de réagir contre les exigences de la mode, les adhérentes s'engageant à proscrire de leurs toilettes toutes plumes d'oiseaux; mais si la chasse excessive, si les tueries commises sans mesure et avec une cruauté exceptionnelle doivent être sévèrement prohibées, — l'intérêt de l'humanité est de protéger l'oiseau, — il faut reconnaître, d'autre part, que l'influence de cette mode a eu un heureux résultat en favorisant la domestication et l'élevage de l'Autruche dans la plupart des régions favorables à son existence.

Les amis des oiseaux les plus tendres ne trouvent rien à redire à ce mode d'exploitation de la plume, et les coquettes peuvent sans aucun remords suivre les inspirations artistiques de nos habiles modistes. La plume d'Autruche, il est vrai, n'est point uniquement employée; mais aussi combien nombreux sont les oiseaux que l'on peut élever dans le même but!

En Algérie, pour des raisons dépendant surtout des mœurs des indigènes et de notre mode d'administration, l'élevage de l'Autruche n'a pu atteindre le même développement que dans les colonies anglaises du sud de l'Afrique; mais il est un autre oiseau dont la plume a une grande valeur et qui, ne demandant pas les mêmes espaces, pourrait être productivement élevé dans notre domaine d'au delà de la Méditerranée : tel est le cas de l'Aigrette, dont M. Forest s'est fait l'apôtre dans plusieurs congrès scientifiques.

Par suite de la haute valeur de leurs dépouilles, les Aigrettes sont, ainsi que nous l'avons dit, le but d'une poursuite sans merci et d'une chasse des plus destructives. Cette chasse a surtout lieu au printemps, lors de la saison des amours, époque à laquelle les plumes ont acquis leur plus grande beauté. Souvent la femelle est tuée alors qu'elle pond ou élève ses jeunes : la couvée tout

entière est perdue, et, ce fait se répétant constamment, l'espèce
est menacée d'une disparition prochaine. Il y a donc lieu de
prendre des mesures, soit en réglementant la chasse, soit en
élevant ces oiseaux en l'état de semi-domesticité.

Ce ne serait point, du reste, une nouveauté; d'après M. Forest,

Fig. 63. — Aigrettes.

en Birmanie l'industrie et l'élevage des oiseaux de marais pour
la parure se pratiquent d'un temps immémorial. Il n'est pas rare
de rencontrer des canaux et des îlots spécialement aménagés
pour la reproduction des oiseaux dont les plumes sont un objet
de commerce.

Les régions favorables à l'élevage des Aigrettes seraient : en
France, la région ouest, baignée par le Gulf-Stream, les bords
de la Méditerranée, l'Algérie, la Tunisie, le Sénégal et nos autres

possessions de l'Afrique occidentale, Madagascar, la Réunion, l'Annam et le Tonkin, la Guyane, etc.

Du reste, l'élevage de l'Aigrette a été déjà tenté avec succès. M. Ollivier, dans le *Bulletin de la Société d'acclimatation* de juillet 1896, donne une description d'un parc à Aigrettes établi en Tunisie. Un marchand naturaliste de Tunis avait acheté à une petite distance de la ville un terrain clos de murs, où l'eau pouvait être amenée en quantité suffisante. Dans ce terrain, il fit entourer et recouvrir d'un grillage une superficie de cinq cent quarante mètres carrés où se trouvaient quelques gros figuiers et tamaris ; puis il se procura de jeunes Aigrettes, qui, prises au nid, grandirent et s'habituèrent facilement à la perte de leur liberté ; l'année suivante, quelques femelles pondirent, et en peu de temps l'enclos fut peuplé d'environ deux cent cinquante oiseaux, superbes de plumage et en parfaite santé, se promenant et volant avec aisance dans l'espace qui leur était affecté.

Les femelles font deux pontes successives, en avril et juin. Chaque ponte est de trois ou quatre œufs. Les oiseaux sont nourris avec de la viande de cheval ou de mulet, hachée en petits morceaux, qui leur est distribuée deux fois par jour ; un cheval destiné à l'équarrissage peut nourrir pendant quinze jours les deux cent cinquante individus. La nourriture des jeunes revient un peu plus cher : ceux-ci, pendant les quinze jours qu'ils passent au nid, ont besoin de petits poissons que la mère leur fait avaler.

Les plumes précieuses du dos sont enlevées deux fois par an, en mai et septembre. Mais ce n'est que quand l'oiseau est arrivé à l'âge de trois ans qu'elles atteignent toute leur beauté. Chaque oiseau en fournit sept grammes dans ses deux plumaisons de l'année, soit trente-cinq francs par tête. Il faut, bien entendu, déduire de ce chiffre les frais de nourriture générale ainsi que ceux des jeunes, dont la plume ne peut être utilisée, les gages du gardien, les intérêts, etc.

Tous comptes faits, M. Ollivier estime que chaque oiseau en âge de fournir de belles aigrettes rapporte à son propriétaire une somme nette de vingt-deux francs; il y a, en outre, un certain produit à retirer des plumes du jabot, qui ont une valeur relativement moindre : deux cents francs le kilogramme.

Enfin, par des croisements avec des variétés américaines, on pourrait obtenir des oiseaux de plus forte taille et produisant plus.

On voit, par ces quelques données, que l'élevage de l'aigrette ne serait pas une industrie à dédaigner.

*
* *

Les Manchots (*Aptenodytes Patagonica*) se réunissent en bandes nombreuses pour nicher les uns à côté des autres sur une grève des régions polaires australes. Si nous en croyons les renseignements apportés par la dernière expédition Nordenskjold, il existerait une organisation parfaite dans ces associations.

Lorsque les membres de la mission débarquèrent à l'île Paulet, ils se trouvèrent au milieu d'une colonie de Manchots qui, fort curieusement, les regardaient venir. Ces grands oiseaux, qui n'ont pas d'ailes, mais des sortes de bouts de bras dont ils se servent comme de rames pour nager avec rapidité, se tiennent dans ces parages, pendant l'été, en immenses colonies. Comme on était à la veille de l'hiver, la plupart avaient déjà quitté l'île. C'était l'arrière-garde qui assistait à l'envahissement de leur domaine par ces êtres bizarres qui, comme eux les Manchots, marchaient sur leurs pattes de derrière, mais faisaient avec leurs pattes de devant toutes sortes de gestes paraissant fort ridicules à des oiseaux. Les palmipèdes cependant ne s'effrayaient point. Seulement, ils se faisaient part de leurs réflexions avec une grande volubilité et force claquements de bec. Il paraît que cette première entrevue fut assourdissante. Ils protestèrent avec la dernière énergie contre les méchants procédés des nouveaux venus qui s'emparaient de leurs œufs, et dirent leur fait en tumultueux discours à quelques marins qui s'étaient trop approchés de l'asile de ces surveillants... manchots.

« Le peuple manchot, rapporte un historien de l'expédition, dans le *Matin,* est gouverné en effet par une constitution radicale socialiste, qui ne permet point aux père et mère de conserver près d'eux leur progéniture. Celle-ci appartient, dès les premières plumes, à l'État, et tous les petits d'une colonie de Manchots sont réunis en un lieu commun, sous la surveillance et la responsabilité des pions manchots, qui se relèvent du reste comme des sentinelles d'heure en heure. Je n'aurais garde, dans le récit d'une telle expédition, qui appartient à l'histoire, d'introduire la moindre fantaisie. Quand les membres de l'expédition Nordenskjold me racontèrent les mœurs des Manchots, je ne marquai aucun étonnement, car la lecture des précédentes relations de voyage en ces contrées m'avait déjà instruit, et, à ce point de vue, les dires de Nordenskjold et de ses compagnons ne font que corroborer les renseignements de M. de Gerlache. »

Les membres des différentes associations d'oiseaux que nous
venons de passer en revue établissent leurs nids fort rapprochés

Fig. 64. — Manchots.

les uns des autres, mais chaque nid est parfaitement distinct et
séparé de son voisin. Dans l'Afrique du Sud, les oiseaux connus sous le nom de Républicains (*Philetæres socius*) accolent en
nombre considérable leurs nids les uns contre les autres et établissent des constructions qui méritent le nom de villes d'oiseaux.
Tous ces nids sont construits sous un immense toit de chaume,
qui les protège tous et forme une sorte de ruche gigantesque.

Le Vaillant nous donne les détails suivants sur cette curieuse architecture. « Le jour de mon arrivée au camp, dit-il, j'avais aperçu sur ma route un arbre qui portait un énorme nid de ces oiseaux à qui j'avais donné le nom de Républicains, et je m'étais proposé de le faire abattre pour ouvrir la ruche et en examiner la structure dans ses manches. J'envoyai quelques hommes avec un chariot, chargés de me l'apporter au camp. Lorsqu'il fut arrivé, je le dépeçai à coups de hache, et je vis que la pièce principale et fondamentale du nid était un massif composé, sans aucun autre mélange, de l'herbe de Boschjesman, mais si serré et si bien tissé qu'il était impénétrable à l'eau des pluies. C'est par le noyau que commence la bâtisse, et c'est là que chaque oiseau construit et applique son nid particulier. Mais on ne bâtit de cellules qu'en dessous et autour du massif. La surface supérieure reste vide, sans être néanmoins inutile. Comme elle a des rebords saillants et qu'elle est un peu inclinée, elle sert à l'écoulement des eaux et préserve chaque habitation de la pluie. Qu'on se représente un énorme massif irrégulier, dont le sommet forme une espèce de toit et dont toutes les autres surfaces sont entièrement couvertes d'alvéoles, pressés les uns contre les autres, et l'on aura une idée assez précise de ces constructions vraiment singulières.

« Chaque cellule a trois ou quatre pouces (huit à onze centimètres) de diamètre, ce qui suffit pour l'oiseau ; mais toutes se touchent par une très grande partie de leur surface ; elles paraissent à l'œil ne former qu'un seul corps, et ne sont distinguées entre elles que par un petit orifice extérieur qui sert d'entrée au nid et qui, quelquefois, est commun à trois nids différents, dont l'un est placé dans le fond et les deux autres sur les côtés.

« A mesure que la république se multiplie, les logements doivent

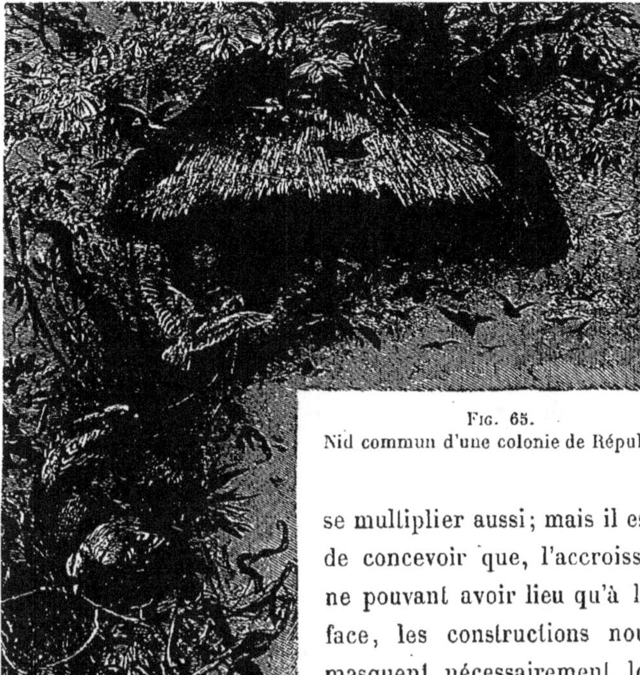

FIG. 65.
Nid commun d'une colonie de Républicains.

se multiplier aussi; mais il est aisé de concevoir que, l'accroissement ne pouvant avoir lieu qu'à la surface, les constructions nouvelles masquent nécessairement les anciennes, et force est de les abandonner. Quand même celles-ci, contre toute possibilité, pourraient subsister, on conçoit encore que, dans l'enfoncement où elles se trouveront placées, la chaleur énorme qu'elles éprouveraient par le défaut de renouvellement et de circulation d'air les rendrait inhabitables; mais en devenant inutiles elles restent ce qu'elles étaient auparavant, c'est-à-dire de véritables nids.

« Le gros nid que je visitais, et qui était un des plus considérables que j'aie vus dans mon voyage, contenait trois cent vingt

cellules habitées, qui, en supposant dans chacune un ménage
composé du mâle et de la femelle, annoncerait une société de six
cent quarante individus. Néanmoins ce calcul ne serait pas
exact. J'ai parlé d'oiseaux chez lesquels un mâle est commun à
plusieurs femelles, parce que les femelles sont beaucoup plus nombreuses que les mâles. La même particularité a lieu pour plusieurs autres espèces, mais elle existe particulièrement chez les
Républicains. Toutes les fois que j'ai tiré dans une volée de ces
oiseaux, j'ai toujours tué trois fois plus de femelles que de mâles. »

Quant aux dimensions de cette réunion de nids, le fait suivant
peut en donner une idée. Un Cafre poursuivi par un lion eut la
bonne chance de pouvoir grimper à temps sur un gommier où
se trouvait un nid de Républicains, et put se cacher entièrement
sur l'immense parasol construit par les oiseaux. Le lion arriva
à son tour au pied de l'arbre, mais, ne pouvant découvrir sa proie,
allait se retirer, lorsque l'homme eut l'imprudente idée de sortir
sa tête de la masse herbeuse pour voir si le fauve était encore
là. Le lion l'aperçut, mais, ne pouvant grimper sur l'arbre, il se
coucha au pied du tronc, attendant la descente du Cafre. Ce fut
une longue attente pour tous les deux : l'indigène, et pour cause,
ne voulait pas quitter sa retraite; le lion ne voulait pas non plus
abandonner son poste. A la fin, ce dernier, ne résistant pas à la
soif, s'éloigna un instant pour boire à un ruisseau avoisinant, et
l'homme, profitant de ce répit, put s'échapper.

Si l'on en croit les autres auteurs qui comme Le Vaillant, ont
décrit le nid du Républicain, c'est la crainte des serpents qui
a amené ces oiseaux à construire un nid multiple qui, par sa
forme, est particulièrement à l'abri des attaques des reptiles ;
mais, en dehors de ce travail en commun, aucun lien affectueux
ne se manifeste, aucune direction ne préside au groupement

des nids et à l'existence des habitants. C'est, comme le fait remarquer M. P. Girod, « une juxtaposition de nids, et non point un échange de sentiments ». Les rapports sociaux font défaut entre les individus associés, et il ne faut point y voir, comme certains naturalistes, un essai de république plus ou moins perfectionnée.

Les nids des Républicains n'en sont pas moins intéressants à signaler, et espérons que les terribles luttes qui dernièrement se sont déroulées sous leurs yeux ne leur ont point donné des idées fratricides et qu'ils s'entr'aident toujours sur ce point important de la vie des oiseaux, la construction du nid capable de protéger l'avenir de la race.

CHAPITRE VII

LES PARASITES

Si dans la gent ailée nous trouvons en grand nombre des oiseaux — et ce sont en général les plus petits — qui, par un labeur paraissant bien au-dessus de leurs forces, s'appliquent à créer pour leur famille un *home* offrant à la fois le confort et la sécurité, nous sommes forcés de reconnaître qu'il existe des individus, des espèces même qui, soit par paresse, soit pour d'autres raisons, s'exonèrent du travail pénible de la nidification et s'emparent des œuvres laborieusement établies par d'autres.

Ces brigands du monde oiseau ne sont point rares.

Voici tout d'abord les simples voleurs de matériaux, — ce ne sont point là des criminels de profession, mais des *pratiques,* comme on dirait au régiment, — sachant profiter du moment d'inattention d'un voisin pour se procurer, lorsque l'occasion se présente, une branche, un paquet de mousse qu'il faudrait chercher au loin.

On a accusé les Freux et les Hérons de pratiquer entre eux d'une manière assez régulière ces petits larcins, larcins qui, lorsqu'ils étaient découverts, étaient punis de la façon la plus sévère; nous avons vu que, dans une société aussi bien organisée que celle de ces oiseaux, de pareils méfaits paraissaient peu admissibles, et que l'on devait attribuer à d'autres motifs la destruction du nid que l'on considérait comme la peine infligée aux voleurs de matériaux. Chez les oiseaux qui se réunissent, sans aucun lien social, pour nicher au même endroit et qui ne sont point obligés par la règle commune de s'entr'aider, ces actes de pillage sont, au contraire, très fréquents.

M. Kearton, dans ses intéressantes expéditions de photographies ornithologiques, eut l'occasion d'observer un Fou de Bassan (*Sula Bassana*) femelle qui construisait avec habileté sur une corniche de falaise un nid formé d'herbes diverses et de varech.

Fig. 66. — Fou de Bassan.

Dès que l'oiseau descendait de sa position élevée pour cueillir sur la grève quelques autres brins d'herbes aquatiques, un membre rusé de la même famille fondait d'une corniche supérieure,

s'emparait d'une partie des matériaux apportés et regagnait en
toute hâte son propre nid.

Peu après, le premier oiseau revenait, traînant derrière lui

Fig. 67. — Roitelet.

dans les airs un long ruban d'algues pareilles à la queue d'un
cerf-volant; il le façonna autour de son nid et partit de suite
à la recherche d'un nouveau chargement. Presque aussitôt le
voleur apparut, et, enlevant cette pièce de choix, détruisit en partie le nid. Le Fou, à son retour, se rendit compte du dégât, et,
après avoir réfléchi un moment, jeta un regard circulaire autour
de lui. Tous ses frères travaillaient tranquillement à leurs propres nids, et rien ne révélait le coupable. Il n'y avait qu'à réparer le mal, et, tournant le promontoire formé par la falaise, l'oiseau s'envola à la recherche de nouveaux matériaux; et le voleur
de descendre de suite se servir à son tour. Accidentellement
ou intentionnellement, l'absence de la victime de ce larcin sans
cesse répété ne dura qu'une minute à peine, et son retour
intempestif surprit le voleur sur le fait. Sa fureur ne connut
plus de bornes. Dans un élan impétueux, il fondit sur le voleur,
une bataille terrible s'ensuivit, et les deux oiseaux, dans un

mélange confus d'ailes, de queues, de pattes et de becs, roulè-
rent tous les deux en bas de la falaise. Qui fut le vainqueur?
M. Kearton ne put suivre toutes les péripéties du combat, et

Fig. 68. — Moineau.

nous ne savons si la vertu fut récompensée ou si le vice resta
impuni.

Le charmant Roitelet (*Regulus cristatus*), à l'allure si honnête,
cède souvent à la tentation que lui offre un paquet de fines
mousses choisies par autrui, et délibérément il se fait voleur,
pillant le nid de ses frères ou d'oiseaux beaucoup plus forts que
lui. Il n'a aucune crainte, il fond hardiment et s'enfuit avec son
butin.

Le Moineau à tous les vices qu'on lui prête — et non sans
raison peut-être — ajoute celui d'être un fieffé voleur : non
seulement il subtilise dans les nids environnants les matériaux
de choix qui peuvent convenir à sa propre construction, mais
fort souvent, très effrontément, il s'empare du nid d'une autre
espèce, s'y installe en maître, refusant de laisser la place aux
légitimes propriétaires. Les Hirondelles sont souvent victimes
de pareilles évictions.

L'Étourneau, si utile à l'agriculture, manque aussi de moralité
à ce point de vue, et il n'hésite point à s'approprier les nids
établis par d'autres oiseaux. Souvent le Pic-Vert sculpte amou-
reusement pour sa famille une demeure dans le tronc d'un vieil

arbre; mais à peine son travail est-il terminé, qu'il est obligé de
céder la place à un couple d'Étourneaux qui se sont emparés de
son nid pendant une de ses absences. Le Pic-Vert a beau essayer
de reprendre son bien, il ne peut résister à la furie avec laquelle
l'attaquent ses adversaires, et il va creuser un nid ailleurs, bien
content encore lorsqu'il n'est point dépossédé de nouveau.

L'Épervier (*Astur nisus*) a la coutume d'usurper les nids de
Pies, de Corneilles ou d'autres oiseaux qui nichent sur les arbres
élevés. Les naturalistes ne sont pas d'accord sur le point de
savoir s'ils se contentent de s'installer dans de vieux nids abandonnés, ou s'ils en chassent de vive force les propriétaires. Il
est fort probable que les deux opinions sont véridiques. L'Épervier, lorsqu'il peut le trouver, s'installe dans un nid abandonné;
mais s'il n'a point cette chance, il jette son dévolu sur un nid

Fig. 69. — Épervier.

occupé, dont il s'empare malgré les instances des premiers
contructeurs.

Le combat doit alors être terrible, car le Freux ou la Pie

sont des oiseaux aussi courageux que le rapace et armés en outre de becs plus forts et tout aussi acérés que celui de l'É-pervier.

La Crécerelle (*Falco tinnunculus*) agit de même, et il est probable qu'elle emploie la force pour pratiquer l'éviction. Le fait suivant, rapporté par Pearchez, tend du moins à le prouver : Un homme, passant près d'un arbre, entendit un cri strident partant d'un nid de Pie; il eut l'idée de grimper sur l'arbre pour voir ce qui s'y passait. Les cris continuaient. Il mit la main dans

Fig. 70. — Sitelle.

le nid, et sentit deux oiseaux qui se battaient; il put s'emparer de celui qui se trouvait au-dessus : c'était une Crécerelle. Presque aussitôt une Pie s'échappa du nid, portant sur son plumage les traces des rudes attaques du Rapace.

Chez les oiseaux que nous venons de citer, ces actes de piraterie se renouvellent fréquemment, au point de devenir presque une habitude. Du reste, on peut à l'occasion signaler dans presque toutes les espèces des paresseux qui considèrent qu'il est encore plus vite fait de se servir du nid du voisin plutôt que d'en édifier un nouveau. On a vu, par exemple, des Rouges-Queues s'installer dans des nids d'Hirondelles. La Sitelle s'établit parfois dans les nids de Pic-Vert ou d'Étourneau, dont elle rétrécit l'entrée avec de la terre artistiquement maçonnée. Selon M. de Barrau, un couple de Bergeronnettes de printemps aurait pondu cinq œufs dans le nid d'un Merle d'eau. Le même observateur aurait rencontré un œuf de Pic dans un nid de Geai. On prétend avoir trouvé aussi des œufs de Canards sauvages dans des nids de Pie. M. de Palluel cite une couvée de plusieurs œufs de Col-Vert rencontrée dans un nid de Pie disposé à la cime d'un haut peuplier à Bonneuil (Seine-et-Oise). Ces cas ne sont pas absolument rares.

*
* *

Le plus étrange des oiseaux parasites est certainement le Coucou indigène (*Cuculus canorus*).

L'étude de quelques espèces intermédiaires exotiques sera utile comme introduction aux mœurs si curieuses de cet oiseau et nous montrera des gradations dans le développement de ces habitudes parasitaires.

Nous empruntons à Darwin, d'après Hudson, les lignes suivantes sur les oiseaux du genre *Molothrus* :

« Les *Molothrus badius* des deux sexes, écrit cet auteur, vivent quelquefois en bandes dans la promiscuité la plus absolue, où ils s'accouplent quelquefois. Tantôt ils construisent un nid particulier, tantôt ils s'emparent de celui d'un autre oiseau, en jetant dehors la couvée qu'il contient, et y pondent leurs œufs, ou construisent bizarrement à son sommet un nid à leur usage. Ils couvent ordinairement leurs œufs et élèvent leurs jeunes, mais M. Hudson dit qu'à l'occasion ils sont probablement parasites, car il a observé des jeunes de cette espèce accompagnant des oiseaux adultes d'une autre espèce et criant pour que ceux-ci leur donnent des aliments.

« Les habitudes parasites d'une autre espèce de *Molothrus*, le *Molothrus bonariensis*, sont beaucoup plus développées, sans être cependant parfaites. Celui-ci, autant qu'on peut le savoir, pond invariablement dans des nids étrangers. Fait curieux : plusieurs se réunissent quelquefois pour commencer la construction d'un nid irrégulier et mal conditionné, placé dans des conditions singulièrement mal choisies, sur les feuilles d'un chardon, par exemple. Toutefois, autant que M. Hudson a pu s'en assurer, ils n'achèvent jamais leur nid. Ils pondent souvent un si grand nombre d'œufs — de quinze à vingt — dans le même nid étranger, qu'il n'en peut éclore qu'un petit nombre. Ils ont, de plus, l'habitude extraordinaire de crever à coups de bec les œufs qu'ils trouvent dans les nids étrangers, sans épargner même ceux de leur propre espèce. Les femelles déposent aussi sur le sol beaucoup d'œufs, qui se trouvent perdus.

« Une troisième espèce, le *Molothrus pecoris*, de l'Amérique du Nord, a acquis des instincts aussi parfaits que ceux du Coucou, en ce qu'il ne pond qu'un œuf dans un nid étranger, ce qui assure l'élevage du jeune oiseau. »

Nous connaissons tous, pour l'avoir au moins entendu, le Coucou indigène, ce chanteur invisible et fantasque dont les notes monotones et toujours répétées amusent et intriguent les enfants.

Le mâle est gris, mais la femelle est rousse et bariolée de noir, si différente qu'on avait fait deux espèces du mâle et de la femelle. Le Coucou a la forme et les allures d'un oiseau de proie, et cette sorte de mimétisme lui est évidemment d'une grande utilité pour effrayer les petits oiseaux, lorsqu'il commet les actes délictueux que nous exposerons plus tard.

Fig. 71. — Jeune Coucou et ses parents adoptifs.

Le Coucou a une mauvaise réputation ; écoutez plutôt Toussenel :

« Il est un des plus épouvantables emblèmes que la nature ait forgés. C'est un miroir de perversité omnimode qui reflète avec une intensité étrange les sept nuances de la gamme du vice, dite des sept péchés capitaux : gourmandise, paresse, avarice, luxure, etc., etc., avec la soif du meurtre et de l'ingratitude par-dessus le marché. Le jeune Coucou débute dans la vie par le crime : ses yeux ne sont pas encore ouverts à la lumière que sa conscience est déjà chargée de cinq ou six infanticides. Si l'histoire du Coucou au berceau est un récit de forfaits monstrueux, quasi contre nature, celle du Coucou adulte est une chronique scandaleuse et une inépuisable source de gais récits et de drames lugubres, où puisent également à pleines mains Boccace, Lafontaine, Frédéric Soulié, Eugène Sue. »

Laissant de côté pour le moment ce qu'il peut y avoir de répréhensible dans les mœurs du Coucou, il est bon, après un tel réquisitoire, de montrer les services que cet oiseau nous rend, services trop souvent méconnus, car nombreux encore sont ceux qui le classent parmi les oiseaux nuisibles, parmi les oiseaux de proie.

Sa fâcheuse ressemblance avec l'Épervier mâle est pour beaucoup dans ces accusations erronées, et on lui prête souvent les méfaits de son Sosie ; ainsi M. X. Raspail cite la lettre suivante adressée par un correspondant de Savoie : « A peine arrivé dans le pays depuis deux à trois jours, écrivait-il, cet oiseau cruel a tué un de mes canaris que j'avais en cage ; je l'ai vu essayant d'attirer sa victime à travers les barreaux de la cage. » Or le Coucou, pur insectivore, ne détruit jamais les petits oiseaux ; il n'est pas même un mangeur d'œufs, puisqu'il laisse à terre sans y toucher les œufs qu'il enlève du nid où son petit vient de naître et qui sont pourtant perdus. C'est une preuve irréfutable que ce genre de nourriture ne lui convient point.

Par contre, c'est un mangeur de Chenilles poilues, et c'est le seul oiseau ayant un estomac qui lui permette pareille alimentation. Aucun autre ne saurait le remplacer pour restreindre la reproduction du Bombyx processionnaire et des *Liparis dispar* et *moschata,* dont la pullulation ne tarderait pas à amener la ruine de nos forêts.

Le seul dommage qu'il cause, c'est que, déposant son œuf dans le nid d'insectivores, il empêche ceux-ci d'élever leur couvée; mais le jeune Coucou à lui seul nous rendra plus de services que les quatre ou six jeunes insectivores dont il a usurpé la place sur notre planète.

Les Coucous ne font pas de nids, mais déposent un œuf dans le nid d'autres oiseaux, qui le couvent et élèvent le jeune.

Il est intéressant de rechercher : 1° pour quelles raisons les Coucous ne font point de nid et adoptent le système des « nourrices »; 2° comment ils déposent leurs œufs dans les nids choisis; 3° les causes des variations dans la couleur des œufs et la similitude plus ou moins parfaite de leur coloration avec celle des œufs au milieu desquels la femelle Coucou les dépose; 4° comment se produit la destruction des jeunes frères du Coucou, celui-ci restant toujours seul survivant dans la nichée.

Sur tous ces points, les explications sont nombreuses. Nous allons les résumer.

Pour Jenner, les mœurs singulières du Coucou sont le résultat du peu de temps que l'oiseau a à passer dans la région où il doit se propager. Il a un devoir à remplir, assurer la multiplication des individus de l'espèce, et cependant il séjourne à peine trois mois, c'est-à-dire un temps insuffisant pour mener à bien une couvée régulière. « Son œuf n'est guère prêt à couver que vers le milieu de mai, et l'incubation exige une quinzaine de jours. Le jeune oiseau reste d'habitude trois semaines avant de voler, et après cela ses père et mère nourriciers continuent à le nourrir au moins cinq semaines. Par conséquent, même dans le cas d'une ponte anticipée, un jeune Coucou ne saurait être arrivé à se suffire avant que ses parents, poussés par leur instinct, se missent en voyage. »

D'autres, convaincus qu'à l'origine le Coucou a, comme tous les autres oiseaux, pondu dans son propre nid et élevé sa progéniture, cherchent à attribuer à une cause extérieure les modifications survenues depuis.

« On peut imaginer, disent-ils, qu'à un moment donné et pendant une longue suite de temps, son nid et sa progéniture ont eu des ennemis spéciaux et acharnés; que des femelles dont les nids venaient d'être détruits une et deux fois, pressées par le besoin de se reproduire et de pondre, ont déposé des œufs au hasard des rencontres dans les premiers nids venus, et que l'hérédité et le fait que la perpétuité de l'espèce se trouvait assurée avec un moindre effort, firent perdre, avec le sentiment de la maternité, l'habitude de nidifier. »

Ainsi que nous l'avons vu, le *Molothrus,* vivant en Amérique, dépose aussi ses œufs dans le nid d'autres oiseaux. Or ils suivent dans leurs pérégrinations les grands troupeaux de chevaux ou de bisons pour se nourrir des insectes qui pullulent sur ces animaux. On peut se demander si, obligés de se déplacer sans cesse et de suivre leur garde-manger ambulant, ils n'ont pas le temps de nidifier; et, dans ce cas, ils vont déposer leurs œufs dans des nids tout préparés.

De même, d'après M. Lenicek, le Coucou indigène n'aurait-il pas passé jadis par cette vie nomade des *Molothrus* pour s'alimenter et n'aurait-il pas pris, du moins à une époque reculée, l'habitude de se servir des nids des autres?

Les troupeaux sauvages ont disparu peu à peu dans nos régions, mais, par hérédité, le Coucou a pu conserver ses anciennes habitudes. Et ce qui tend à militer en faveur de cette hypothèse, c'est que de même le *Molothrus* de l'Amérique du Nord est bien obligé maintenant de devenir granivore, et pourtant il n'en continue pas moins à pondre dans les nids étrangers.

Cette opinion de M. Lenicek ne nous satisfait qu'à moitié, car elle implique que les *Molothrus* se servaient des nids des autres parce qu'ils n'avaient pas le temps d'en faire eux-mêmes en voyageant sans cesse.

M. Lenicek appuie sa théorie nouvelle d'observations intéressantes. Autrefois le Coucou ne devait chercher sa nourriture que sur les grands herbivores. Ses pattes sont, en effet, celles d'un grimpeur; son bec long et effilé lui permettrait d'extirper facilement les larves des diptères et des autres parasites; sa longue queue lui servait à maintenir son équilibre; ses mœurs sont caractéristiques. Il quitte peu la forêt, bien que son vol puissant le mette à l'abri de ses ennemis. Peut-être est-ce un souvenir de vie antérieure. Son cri particulier ne servait-il pas à mettre ses hôtes en garde contre les surprises de l'ennemi? Le Coucou a dû vivre en commensal sur des animaux à fourrure éteints aujourd'hui. Le Coccyste de l'Afrique a les mêmes mœurs. Il confie sés œufs aux nids des Corneilles, des Pies et des Geais. Bref, pour conclure, le naturaliste de Brünn est d'avis que le Coucou actuel a conservé l'instinct des Coucous qui suivaient les troupeaux, et telle serait la raison pour laquelle il irait encore maintenant, comme autrefois, déposer ses œufs dans les nids qu'il rencontre sur son chemin.

Toutes ces théories sont ingénieuses, mais qui dira laquelle est la vraie?

On a longtemps cru que la femelle du Coucou s'installait dans un nid et, après en avoir chassé les légitimes propriétaires, y déposait tranquillement son œuf. On avait pourtant signalé la présence de ses œufs dans des nids établis dans des creux d'arbres dont l'ouverture étroite n'en permettait pas l'accès au Cou-

Fig. 72. — Coucou.

cou. Des observations plus récentes ont permis d'établir que l'oiseau pondait à terre, puis transportait cet œuf dans son bec, ou mieux dans son arrière-gorge, et le déposait dans le nid choisi. M. H.-A. Mecklejohn a relaté, dans le *Zoologist,* ce qu'il put constater à cet égard.

L'observateur était assis sur le bas côté d'une route, occupé à étudier un oiseau à l'aide de fortes jumelles, quand tout à coup un Coucou, passant par-dessus sa tête, alla se poser sur une haie, à douze mètres de distance environ. De là le Coucou traversa la route et entra dans la haie, d'où il sortit un instant après, poursuivi par un petit oiseau auquel se joignirent bientôt deux ou trois Étourneaux qui avaient évidemment leur nid et leur progéniture dans le voisinage. Mais le Coucou n'avait nulle

envie de quitter les environs, et, pour savoir ce qui pouvait bien
l'attirer, M. Mecklejohn descendit la route et s'assit en face de
l'endroit où le Coucou était entré dans la haie et à dix mètres de
ce point. Moins de deux minutes plus tard, l'oiseau revenait, se
glissant le long de la haie. Il présentait une apparence anormale :
son cou était gonflé et distendu, et au niveau du milieu de la
longueur il paraissait contenir quelque objet sphérique, qui faisait saillir les plumes et les redressait. Dès que le Coucou fut
revenu, il fut attaqué furieusement par une paire de Rouges-
Gorges sur le nid desquels il avait évidemment des vues. A plusieurs reprises les courageux petits oiseaux attaquèrent et houspil-
lèrent le Coucou ; par deux fois l'un d'eux saisit même le Coucou
par la nuque et y resta suspendu pendant quelques minutes
avec la ténacité féroce du *bull dog*. A chaque attaque, le Coucou
rejetait sa tête en arrière, ouvrait son bec tout grand et faisait entendre son cri. La lutte dura quelque temps, mais enfin
le Coucou, malgré cette belle résistance, fit un plongeon dans
l'herbe et disparut presque entièrement dans celle-ci, sauf le bout
de la queue, qui apparaissait au dehors et ne fut caché à aucun
moment. Après deux ou trois secondes, le Coucou ressortit et
s'envola si rapidement que M. Mecklejohn ne put voir si la grosseur du cou persistait encore ; dans le nid visité de suite se trouvaient quatre œufs, l'un d'eux était humide et un peu gluant.

Le Coucou dépose, d'une façon générale, son œuf dans les nids
d'oiseaux de petite taille : Fauvettes, Bergeronnettes, Roitelets,
Rouges-Gorges, Traquets, Pipis, Bruants, Verdiers, Tanns et
bien d'autres.

Il est assez curieux de remarquer que, quoique les œufs des
divers oiseaux que le Coucou choisit comme pères nourriciers
pour sa progéniture soient très variés, l'œuf du Coucou présente

à peu près la même couleur et la même grosseur, et les mêmes
marques que ceux de l'oiseau dont le nid l'abrite. Comment
expliquer ce fait? Il se pourrait qu'un Coucou ayant été élevé
par des Fauvettes, par exemple, ait conservé une sorte d'affection
pour ses parents nourriciers et, ayant pu juger de l'excellence de
leur soin, il choisisse à son tour pour y déposer ses œufs un nid
d'oiseau de la même espèce, et ainsi de suite. Il se serait donc
formé au bout d'un certain temps une famille, une sous-variété
de Coucous portant leurs œufs chez les Fauvettes et, par suite
d'une sélection naturelle, pondant des œufs ressemblant de plus
en plus à celui des Fauvettes. De même pour les autres espèces.

L'œuf du Coucou est fort petit par rapport à la taille de l'oiseau, puisqu'il dépasse peu en grosseur celui des parents nourriciers. Comment expliquer cette petitesse, car on ne peut accor-
der à la femelle du Coucou la faculté de réduire à volonté le
produit de sa ponte?

Les naturalistes émettent plusieurs théories à ce sujet.

D'après les uns, pendant que les plus gros œufs avortaient dans
les nids étrangers, brisés ou délaissés, les plus petits œufs, toujours les plus petits œufs, survivaient, produisaient, et c'est ainsi
qu'a dû se créer la variété Coucou à petits œufs, par le phé-
nomène classique de la survivance des êtres (embryon, germe ou
être complet) les mieux adaptés au milieu ou les mieux défendus
contre le *struggle for life*.

Les habitudes ultra-volages du Coucou d'Europe, disent les
autres, ne lui permettent pas d'amasser et d'assimiler une nourriture suffisante pour que ses œufs possèdent le volume et la
réserve nutritive que peut leur donner une femelle sédentaire
régulièrement accouplée et nourrie. Conséquence : l'œuf du
Coucou a dû devenir de plus en plus petit à mesure que la

sélection développait de plus en plus ses mœurs nomades, et, comme souvent l'effet réagit sur la cause, au fur et à mesure que les œufs devenaient plus petits, plus aptes par là même à être introduits dans un plus grand nombre de nids, la petitesse de l'œuf a, réciproquement, aidé elle-même au développement par sélection de la vie nomade de la femelle du Coucou.

Le jeune Coucou a un appétit féroce ; ses parents nourriciers peuvent à grand'peine suffire à son alimentation ; il faut qu'il puisse jouir à lui seul des aliments qu'ils peuvent se procurer ; il doit donc survivre seul à toute la nichée.

Comment se débarrasse-t-il de ses frères. Jenner nous l'explique ainsi : « Quand la Fauvette, après avoir couvé le nombre de jours voulu, a fait éclore l'œuf du Coucou (celui-ci est généralement le premier à éclore), le nid ne tarde pas à être débarrassé de son contenu, œufs et oisillons. Le jeune tyran ne tue pas ses frères de lait, pas plus qu'il ne brise les œufs avant de les expulser ; il les laisse périr sur les branches où ils restent accrochés, ou à terre au-dessous du nid.

« Le 18 juin 1787, j'inspectais le nid d'une Fauvette d'hiver qui se trouvait contenir quatre œufs, dont un de Coucou. Le jour suivant, je m'aperçus que l'éclosion avait eu lieu, mais il n'y avait au nid qu'une seule Fauvette et le Coucou. Comme d'ailleurs la nature du lieu se prêtait à l'observation, je continuai à regarder, et, à mon grand étonnement, je vis le jeune Coucou, si récemment éclos, se mettre en devoir de faire vider la place à sa compagne.

« La manière de s'y prendre était fort curieuse. A l'aide de son croupion et de ses ailes, il se mit la Fauvette sur le dos, la maintint en place en élevant les coudes, et gravit à reculons la paroi du nid. Arrivé en haut, il prit un temps de repos, puis, rassem-

blant ses forces en un soubresaut, il lança son fardeau de façon
à le dégager complètement du nid. Puis, après être resté quelque temps à tâtonner du bout de ses ailes, comme pour s'assurer
s'il s'était bien acquitté de sa besogne, il se laissa glisser dans
le nid.

« J'ai souvent eu l'occasion de constater que le bout des ailes
est pour les jeunes Coucous une sorte de main avec laquelle ils
examinent un œuf ou un oisillon avant de se mettre à l'œuvre,
et dont la sensibilité paraît suppléer à la vue qui leur manque.
J'ai également, à plusieurs reprises, mis un œuf dans différents
nids contenant un jeune Coucou, et, chaque fois, j'ai vu le petit
animal manœuvrer d'une façon analogue à celle qui vient d'être
décrite. Souvent, en grimpant sur le bord du nid, il lui arrive
de laisser retomber son fardeau; mais il ne se laisse pas rebuter
et recommence jusqu'à réussite complète. Ce qui est curieux,
c'est de voir la manière dont il se démène lorsqu'on lui adjoint
un jeune oiseau dont le poids est au-dessus de ses forces : c'est
l'inquiétude et l'agitation personnifiées.

« Au bout de deux ou trois jours, cette tendance à éliminer ses
compagnons commence à diminuer, et disparaît entièrement, à
ce qu'il me semble, au bout de douze jours. Même avant cette
époque, il semblait tolérer la présence d'un oisillon placé dans
son nid, de même que d'un œuf, dont il ne s'offusquait point.
Sa forme singulière se prête, du reste, à ces manœuvres. A l'encontre des oiseaux lorsqu'ils viennent d'éclore, il a le dos très
large à partir des omoplates, et muni, vers le milieu, d'un
creux considérable, qui semble destiné par la nature à recevoir
l'œuf ou l'oiseau qu'il cherche à éliminer. Au bout de douze
jours, cette cavité des jeunes oiseaux disparaît.

« C'est peut-être dans le fait d'une conformation qui rend le

jeune Coucou si apte à charrier les jeunes Fauvettes, que se
trouve l'explication du choix que fait la femelle du nid d'une si
petite espèce pour y déposer son œuf. Les jeunes d'une espèce
plus grosse seraient peut-être trop lourds pour être maniés, et le
jeune Coucou ne pourrait par conséquent accaparer le nid à lui
seul. Je me rappelle le cas d'une Fauvette d'hiver dont un œuf
vint à éclore avant celui qu'un Coucou avait déposé dans son
nid. Il fallut deux jours au jeune Coucou pour rattraper l'avance
que la jeune Fauvette avait sur lui et acquérir assez de force
pour la rejeter au dehors; mais les œufs ne lui avaient pas causé
le même embarras, car il n'en restait plus qu'un.

« *27 juin*. — Ce matin, deux Coucous et une Fauvette d'hiver
vinrent au monde dans le même nid; il restait un œuf encore
intact. Quelques heures après, les deux Coucous commencèrent à
se disputer la possession du nid. La lutte, longtemps indécise, finit
par se terminer en faveur du plus gros, qui mit à la porte l'œuf,
la jeune Fauvette, aussi bien que son adversaire. Rien de curieux
comme de voir ces deux oiseaux aux prises. Tantôt l'un, tantôt
l'autre réussissait à pousser son rival jusque vers les bords du
nid, pour fléchir au dernier moment et retomber sous le poids.
Ce ne fut qu'après maints efforts que la victoire resta au plus
fort, qui devint dès lors l'unique nourrisson des Fauvettes. »

Cette explication, soutenue par plusieurs, serait, si l'on en croit
les observations de M. Raspail publiées dernièrement, dépourvue
de toute véracité. De presque toutes les espèces d'oiseaux, le
jeune Coucou est justement celui des jeunes oiseaux qui demande
le plus de temps pour sortir de l'état léthargique, de faiblesse
et de torpeur, où il reste après sa naissance. Au bout de
quarante-huit heures, alors qu'il a déjà grossi notablement, il
reste encore dans le nid, incapable de se déplacer; tout au plus

soulève-t-il la tête, qu'il agite toute tremblante, en ouvrant le bec lorsqu'il croit recevoir la becquée. L'auteur de l'enlèvement des œufs légitimes ou du meurtre des frères de lait du jeune Coucou serait la femelle du Coucou elle-même, qui, loin d'être une mau-

Fig. 73. — Fauvette des roseaux.

vaise mère, ainsi qu'on pourrait le croire sur les apparences, se montre, au contraire, attentive à surveiller les progrès de l'incubation de l'œuf qu'elle a confié à des étrangers. C'est elle qui, enlevant les œufs des parents adoptifs au moment où son jeune vient de naître, en les frappant d'un coup de bec s'ils paraissent devoir éclore les premiers, assure à son propre fils la somme de nourriture nécessaire à son développement normal, et que toute l'activité du couple nourricier parvient à peine à lui fournir. Du reste, si elle juge l'alimentation insuffisante, elle apporte elle-même à son enfant des vivres supplémentaires.

Mais pourquoi la conformation spéciale et momentanée du jeune Coucou?

Que dire aussi des soins dévoués des parents adoptifs? Dans leur préoccupation de mener à bien leur couvée, tous les oiseaux sont défiants et soupçonneux à l'excès; que le moindre contact de la main de l'homme leur révèle que ce nid, qu'ils croyaient si bien caché, a été découvert, ils n'hésiteront pas — leur ponte fût-elle même commencée — à l'abandonner, pour en construire un autre en un lieu qui leur paraîtra plus sûr. Mais qu'au lieu du contact à peine perceptible de la main de l'homme, un Coucou dépose dans le nid un œuf qui, malgré sa petitesse relative, présente des différences si sensibles qu'il n'est pas possible de les confondre, nous les voyons aussitôt adopter avec empressement cet intrus. Dans la suite, ils s'épuisent en efforts inouïs pour satisfaire l'insatiable voracité de cet oiseau glouton et lui sacrifient leurs propres enfants, qui, gisant expirants sur le sol, n'éveillent plus, chez ces parents autrefois si dévoués et si tendres, la moindre sollicitude maternelle.

N'y a-t-il pas là une étonnante perversion de leur instinct? L'histoire du Coucou, on le voit, est étrange. Il y a encore bien des mystères à éclaircir.

CHAPITRE VIII

LES NIDS DE MAMMIFÈRES.

Les Singes. — Les Loirs. — L'Écureuil. — La Souris naine.

Le nid, son nom seul paraît l'indiquer, passe pour être l'œuvre exclusive des oiseaux.

Pourtant ne pourrait-on point comparer le berceau si primitivement agencé par le lièvre au nid de plusieurs oiseaux nichant à terre? La souris ne fait-elle point un peu partout un vrai nid rembourré de paille, de foin, papier, plumes ou autres matières qu'elle peut se procurer facilement ?

Certains mammifères, perfectionnant ces talents naissants, établissent de véritables demeures aériennes.

*
* *

Voyons chez les Singes : tous les voyageurs s'accordent à dire que le Chimpanzé (*Troglodytes niger*) se construit un nid dans les branches d'arbres en y entassant des rameaux et des feuilles

sèches. D'après Savage, ces nids ne sont pas très élevés au-
dessus du sol. L'animal recourbe et entre-croise les rameaux et
les fait porter par une forte branche ou une fourche de l'arbre.

Fig. 74. — Chimpanzé.

On trouve parfois un nid à l'extrémité d'une branche de huit,
dix et même douze mètres de hauteur. Ces nids sont quelquefois
couverts d'un toit contre la pluie. Le Chimpanzé y dort la nuit,
assis, le dos appuyé au tronc et à une branche; la femelle y met
bas ses petits. On trouve rarement plus de deux nids sur le même

arbre dans le voisinage l'un de l'autre. D'ailleurs ces habitations grossières ne semblent pas servir bien longtemps. Le Chimpanzé est, en effet, nomade; il change facilement de localité, dès que

Fig. 75. — Orang-Outang.

la nourriture vient à lui manquer ou pour toute autre cause. Toujours il recherche les endroits les plus écartés du voisinage de l'homme.

Les habitations des Gorilles (*Troglodytes gorilla*) rappellent celles des Chimpanzés et consistent seulement en quelques rameaux garnis de feuillages, soutenues par les fourches et les branches des arbres; elles ne les abritent pas et leur servent pour la nuit. Selon Von Koppenfeld, le Gorille, pour construire son nid, choisit un tronc d'arbre bien droit, de la grosseur de trente centimètres environ, casse et couche les branches les unes vers les autres à une hauteur de cinq à six mètres, et les recouvre de feuilles et de mousse. Ce nid ne sert cependant qu'aux jeunes et à la mère, si sa présence leur est encore indispensable. Quant au père, il s'accroupit au pied de l'arbre, le dos appuyé contre le tronc : il veille ainsi sur sa famille et la protège contre les attaques nocturnes des panthères. Ce détail confirme les observations de Du Chaillu.

Les Orangs-Outangs (*Pithecus satyrus*) également disposent des branchages et des feuilles en forme de nid. Ces nids sont situés dans des fourches d'arbres à huit et même quinze mètres au-dessus du sol. Ils ressemblent assez à l'aire d'un oiseau de proie. A. R. Wallace a vu un Orang se construire un de ces abris. Il l'avait blessé d'un coup de feu et lui avait cassé le bras. Le Singe grimpa aussitôt jusqu'au sommet de l'arbre, et du bras qui lui restait il se mit à briser autour de lui des rameaux et à les entrelacer ensemble. Il cassait aussi de grosses branches pour soutenir sa construction. En peu de temps il eut fabriqué un nid, clos de toutes parts, qui le déroba complètement aux yeux du chasseur. Les Dayaks prétendent que l'Orang change de nid toutes les nuits. Ce fait paraît invraisemblable, car on devrait trouver alors une grande quantité de ces nids abandonnés. Ils disent aussi que, quand le temps est humide, il se couvre de feuilles de pandanus ou de frondes de fougères. Ce fait demanderait à être vérifié, car ce serait le seul cas de mammifères se couvrant de vêtements.

Le Loir (*Myoxus glis*), qui, comme la Marmotte, passe l'hiver
dans un sommeil léthargique, se prépare en automne un abri

Fig. 76. — Loir.

pour la mauvaise saison; il se fait un nid de mousse fine, l'établit dans un creux d'arbre, dans la crevasse d'un mur, s'y couche enroulé, généralement en compagnie de plusieurs de ses
semblables, et s'endort longtemps avant que la température soit
descendue à zéro. — C'est dans un nid identique que la femelle
dépose ses petits.

Le Lérot (*Eliomys nitela*), plus petit que le précédent, s'installe
de même façon pour son sommeil hivernal; mais, pour y dépo-

ser ses petits, la mère construit un berceau dans les branches des arbres. Elle se sert ordinairement d'un vieux nid de corbeau ou d'écureuil, de merle ou de grive, qu'elle répare, rembourre de mousse et de poils, en ayant soin d'y ménager une petite ouverture; mais, fait assez surprenant, ce petit animal, qui est d'une propreté excessive, laisse son nid dans un état de saleté repoussante.

Disons en passant que les Loirs étaient considérés par les Romains comme des animaux domestiques. Martial n'a pas dédaigné de chanter la chair de ces rongeurs, qui, lorsqu'ils

Fig. 77. — Lérot.

étaient bien gras, formaient pour les gourmands de cette époque un rôti des plus appréciés. L'histoire nous apprend que Q. Scaurus fut le premier qui fit servir sur sa table la chair des Loirs. Son exemple trouva des imitateurs si passionnés, qu'on en vint à construire des parcs spéciaux pour leur multiplication. Un endroit couvert de buissons, de chênes ou de hêtres était entouré de murs lisses contre lesquels les Loirs ne pouvaient grimper; on les nourrissait de glands et de châtaignes, puis on les retirait du parc, on les plaçait dans des vases en terre nommés *gliriaria*, et on les y engraissait. C'étaient de petits vases demi-sphériques, à bords à gradins et fermés supérieurement par une grille. On y enfermait plusieurs sujets et on les y nourrissait avec abondance.

FIG. 78. — Écureuils sautant de branche
en branche, de cimes en cimes.

On a qualifié avec justesse l'Écureuil commun (*Sciurus vulgaris*) de
quadrupède qui fait son apprentissage d'oiseau. Il le mérite non
seulement par l'agilité avec laquelle
il saute de branche en branche, de
cimes en cimes, mais aussi par l'art

avec lequel il sait se construire, à l'aide de bûchettes entrelacées et de mousse, un nid imperméable à la pluie.

En général, ainsi que le dit Brehm, le fond de ce nid est disposé
comme un nid d'oiseau, et un dôme de bûchettes légèrement
conique, assez épais pour s'opposer au passage de la pluie, le
surmonte. Il a donc dans son ensemble la plus grande analogie
avec le nid de la pie. L'entrée principale se trouve à la partie
inférieure, du côté du soleil levant ; vers l'extrémité opposée,
dans l'épaisseur du dôme, par conséquent, une petite ouverture
est ménagée pour la fuite de l'animal en cas de surprise. L'intérieur est mollement rembourré avec de la mousse. Au dehors
se trouvent des branches solidement entrelacées. Si l'écureuil
rencontre un vieux nid de pie, comme la besogne est en partie
faite, il l'adopte et se borne seulement à l'approprier à ses
besoins.

L'Écureuil est un Sybarite; il lui faut maison d'hiver et pavillon
d'été, et ces deux demeures offrent de notables différences dans
leur construction. La première, solidement et chaudement construite, offre d'épaisses parois, tandis que l'autre, souvent décou-
verte, est établie légèrement, de façon à avoir une bonne aération.

Le nid d'hiver est généralement placé à la fourche d'un arbre,
au point où deux branches partent du tronc; il est bien concelé
par les branches sur lesquelles il repose et qui lui servent d'abri.
Le nid d'été est plus léger, et il est placé presque à l'extrémité
d'un rameau, qu'il fait plier sous son poids. Se rendant compte
de l'inexpugnabilité d'une pareille situation, l'Écureuil ne cherche point à la dissimuler; on peut l'apercevoir facilement du sol,
tandis que pour trouver la demeure d'hiver il faut un œil expérimenté.

L'animal paraît toujours construire plus de deux nids; en

prévision de la destruction de l'un d'eux, il se prépare d'autres retraites, et si l'accident arrive au moment de l'éducation des jeunes, la mère prend ceux-ci dans sa bouche et lès transporte dans une autre habitation.

Les matériaux nécessités pour la construction d'une demeure d'hiver sont considérables. M. Novel, en ayant détruit un et ayant jeté les matières à terre, obtint un petit tas de mousse, de brindilles de bois, comparable à ces petits tas de foin que font les faneurs au moment du fauchage des prairies.

Il faut toutefois remarquer que le plus souvent à chaque saison l'Écureuil revient au même nid d'hiver; il le répare, ajoute des matériaux, si bien qu'en peu d'années la masse est fort considérable.

La mère dépose ses jeunes soit dans un nid d'été, soit dans le creux d'un arbre qu'elle garnit de mousse. Ses enfants, au nombre de trois ou quatre, restent avec elle jusqu'au printemps suivant et hivernent dans le même nid.

*
* *

La Souris naine (*Mus minutus*), encore plus petite que la Souris de nos demeures, se montre dans l'art architectural une rivale des oiseaux les plus habiles. On croirait, certes, qu'elle a pris des leçons des Fauvettes, des Roitelets.

Habitant pendant l'été les plaines cultivées, les jonchaies, les moissons, c'est en plein champ qu'elle établit son nid, nid arrondi, de la grosseur du poing ou d'un œuf d'oie. Suivant les endroits, il est placé sur vingt ou trente feuilles de graminées, réunies de manière à l'entourer de tous côtés, ou bien il est suspendu à près d'un mètre de terre à une tige de roseau, aux branches d'un buisson, et se balance dans l'air. Cette position élevée suppose une grande facilité de grimper, car ce n'est point chose aisée que de transporter des matériaux au somm et des tiges lisses et flexibles des graminées et de se maintenir pendant l'édification de l'œuvre. Heureusement pour la Souris naine que ses ongles recourbés sont fort acérés et qu'elle sait se servir avec habileté de sa queue prenante comme celle des Singes.

D'après ce qu'en dit Brehm, l'enveloppe extérieure est formée de feuilles de roseaux ou d'autres graminées dont les tiges forment la base de tout l'édifice. Le petit architecte prend chaque feuille entre ses dents, la divise en six, huit, dix lanières, qu'il entrelace et tisse de la manière la plus remarquable. L'intérieu r est tapissé avec le duvet des épis des roseaux, avec des chatons, des pétales de fleurs. L'ouverture est petite et latéral e.

M. Wood ne croit pas que la Souris se réserve une entrée, mais qu'elle passe suivant ses besoins au travers du tissu, qui est fort lâche. Malgré cela, les parties se maintiennent si bien réunies que le tout a une forme solide. Les parois sont si transparentes que l'on peut voir les jeunes qui sont à l'intérie ur. Ceux-ci, couchés les uns à côté des autres, pressent les parois et doivent contribuer à donner au nid sa forme arrondie. La Souris naine a deux ou trois portées par an de cinq à neuf petits, qui restent ordinairement dans le nid jusqu'à ce qu'ils puissent y voir.

Le nid est toujours construit, au moins en très grande partie, avec les feuilles des végétaux qui lui servent de support. Il en résulte qu'ayant la même couleur que les plantes avoisinantes, il n'est décelé que très difficilement, et les petits l'ont toujours

quitté avant que les feuilles soient fanées et aient pris une couleur différente de celle de la plante.

Ou a remarqué que les vieilles femelles construisent ordinai-

Fig. 79. — La Souris naine et son nid.

rement des nids plus parfaits que les jeunes; mais celles-ci
arrivent rapidement à égaler leurs aînées.

Quoi qu'il en soit, quand on compare les organes imparfaits
de la Souris avec le bec mieux approprié des oiseaux, on ne peut
assez admirer cette construction, et l'on est forcé d'attribuer
plus d'adresse à la Souris naine qu'à bien des volatiles.

TABLE DES MATIÈRES

Chapitre premier. — **Le nid.** — Modification dans la nidification. — Matériaux étranges. — Positions curieuses. — Dissimulation du nid. — Idées d'ornementation. — Lequel des deux époux est l'architecte du nid? — L'amour de l'endroit adopté. — Les constructeurs de plusieurs nids. — Voisinages curieux. 5

Chapitre II. — **Les oiseaux qui ne font pas de nid.** — Les oiseaux de rivage. — Les Pluviers. — Forme et couleurs des œufs. — Le Guillemot. — L'œuf du Pingouin brachyptère et sa valeur. — L'Engoulevent. — L'Autruche. — L'Eider et l'édredon. — Les gallinacés. — Fiançailles du Coq de bruyère 27

Chapitre III. — **Nids à terre et nids en terre.** — Le Flamant. — Le Leipoa inventeur de l'incubation artificielle. — Le Mégapode tumulus. — Le Talégalle. — Le Fournier. — Le Torchepot syriaque. — Le Merle. — Les Hirondelles. — Les nids d'Hirondelles comestibles 47

Chapitre IV. — **Dans les buissons et sur les rochers.** — Les Alouettes. — La Bécasse, un oiseau calomnié. — Le Rouge-Gorge, un ami d'hiver. — La Bergeronnette. — L'Étourneau et les nids artificiels. — Le Merle d'eau. — Les Bisets. — Les aires des Rapaces. — La Linotte et les chats. — Le Bouvreuil et la fête des oiseaux. — Le Rossignol et son chant. — Le nid du Troglodyte. — La Pie-Grièche et son charnier. — La Cisticole. — Le nid de la Rousserolle turdoïde 81

Chapitre V. — **Sur les arbres.** — Le Moineau, utile ou nuisible? — Le nid du Chardonneret. — Le Pinson et les combats de chant. — Le Serin et le Canari; canaris chanteurs et canaris rouges. — Le Geai, son astuce. — La Pie et ses nids. — Pigeons ramiers. — Le nid du Loriot. — La Mésange penduline et son nid. — Les Tisserins. — L'oiseau tailleur . . . 127

Chapitre VI. — **Villes et villages d'oiseaux.** — Les associations des Corneilles et des Freux, une *rookery*. — Le Héron et les héronnières. — Les Aigrettes. — Le socialisme chez les Manchots. — Les Républicains . . . 173

Chapitre VII. — **Les parasites.** — Les voleurs de matériaux. — Les voleurs de nids. — Le Coucou 199

Chapitre VIII. — **Les Nids de Mammifères.** — Les Singes. — Les Loirs. La Souris naine. 221

TABLE DES FIGURES

FIGURE 1. — Troglodyte 9
— 2. — Gobe-Mouches. 10
— 3. — Nid de Rouges-Gorges dans le sternum d'une chouette clouée
à une porte 11
— 4. — Nid de Traquets dans un crâne humain 13
— 5. — Le mâle auprès de sa femelle 17
— 6. — Cigognes 21
— 7. — Nid de Cigogne 23
— 8. — Poule d'eau. 25
— 9. — Pluvier doré. 29
— 10. — Guillemots 31
— 11. — Pingouin et Macareux 32
— 12. — Engoulevent. 34
— 13. — Autruche 35
— 14. — Eider. 39
— 15. — Argus. 43
— 16. — Le grand Tétras devant sa poule 44
— 17. — Flamants 49
— 18. — L'*Amblyornis inornata* et son nid 55
— 19. — Merle. 65
— 20. — Hirondelles 69
— 21. — Nid de l'Hirondelle de cheminée 71
— 22. — Hirondelle de fenêtre. 73
— 23. — Hirondelle de cheminée 75
— 24. — Nids de Salanganes 77
— 25. — Alouette 82
— 26. — Alouette chantant 83
— 27. — Pipi des prés 83
— 28. — Rouge-Gorge 89
— 29. — Rouges-Gorges sous la neige 91
— 30. — Bergeronnette. 93
— 31. — Étourneau 95
— 32. — Le Cincle aquatique ou Merle d'eau plongeant 99
— 33. — Cincle et son nid. 101
— 34. — Pigeon biset. 103
— 35. — Aigle. 104

236

TABLE DES FIGURES

FIGURE 36. — Vautours 105
— 37. — Linotte. 108
— 38. — Linottes à l'abreuvoir 109
— 39. — Bouvreuils 111
— 40. — Le Rossignol 115
— 41. — Rossignol chantant auprès de sa femelle. 117
— 42. — Troglodyte et son nid 119
— 43. — Pie-Grièche 121
— 44. — La Rousserolle 123
— 45. — Rousserolle turdoïde. 125
— 46. — Moineaux des villes 129
— 47. — Moineaux des champs 131
— 48. — Épouvantail inutile 135
— 49. — Chardonneret 137
— 50. — Nid de Chardonneret. 139
— 51. — Pinson 143
— 52. — Mésanges diverses 151
— 53. — Mésange à longue queue 153
— 54. — Pie d'Europe 159
— 55. — Vol de ramiers 161
— 56. — Buse 163
— 57. — Buse en chasse 164
— 58. — Loriot et son nid 166
— 59. — Nid de la Mésange penduline 169
— 60. — Corneilles, l'hiver 175
— 61. — Une colonie de Corneilles 177
— 62. — Héron 183
— 63. — Aigrettes 189
— 64. — Manchots 193
— 65. — Nid commun d'une colonie de Républicains 195
— 66. — Fou de Bassan. 200
— 67. — Roitelet. 201
— 68. — Moineau 202
— 69. — Épervier 203
— 70. — Sitelle 204
— 71. — Jeune Coucou et ses parents adoptifs 207
— 72. — Coucou. 213
— 73. — Fauvette des roseaux. 219
— 74. — Chimpanzé 222
— 75. — Orang-Outang 223
— 76. — Loir 225
— 77. — Lérot. 226
— 78. — Écureuils 227
— 79. — Souris naine et son nid. 231

5—05

SOCIÉTÉ ANONYME D'IMPRIMERIE DE VILLEFRANCHE-DE-ROUERGUE
Jules Bardoux, Directeur.